U0025250

天下文化

BELIEVE IN READING

明茲伯格談高效團隊

Understanding Organizations... Finally!

Structuring in Sevens

7種發揮競爭力的組織設計

Henry Mintzberg

亨利・明茲伯格 著 李芳齡 譯

【目次】

第二部　組織設計的部件

第三部　組織的四種基本類型

導讀
建立有效框框，才能有效打破框框

政大商學院教授 **李瑞華**

自從我閱讀本書作者明茲伯格教授於二〇〇四年出版的《管理者而非MBA》，就對這位管理大師產生志同道合的共鳴，他與眾不同的見解和智慧，也強化我的教學理念底層思想。明茲伯格在該書中強調，MBA的定位應該是培育有效的綜合管理者，而不是只重分析的行政人才，他主張以反思作為主要培育途徑，以管理自我、管理組織、管理情境、管理關係、管理變革五個維度培育綜合管理能力。

後來再讀作者於一九七三年出版的《管理工作的本質》，更進一步令我感受到他將理論與實踐做結合、道術合一的精神，從此衷心以他作為我的教學典範。因為與明茲伯格神交將近二十年，當出版社邀我為這本彙整他半個世紀以來，對組織結構和運轉的觀察、分析、整合的新書撰寫導讀，我覺得與有榮焉並欣然接受，即使必須調整既定行程，也不願意失去這難得的機緣。

透過細讀與反思形成自己的觀點

作者將組織形容成「奇特的生物」，說他聽得出組織發出的是歡愉或絕望的「叫聲」，這個比喻不就像禪修入定、見諸相非相的境界？當我們閱讀本書時，也要靜下心來細讀，才能夠理解他精研組織的心境及真知灼見。在書中，作者有許多獨創的名詞和邏輯，讀者不必糾結其中，如果碰到一時不能理解的障礙時，可以反覆閱讀，再與自身經驗與認知連接與碰撞；可以先把障礙放下，等心靜下來再讀；可以繼續讀下去，會發現後面的內容能幫助理解前面的內容。

盡信書不如無書，我們不必對於書中內容照單全收。比如我就不同意書中引述「經理人是對愈來愈多領域知道得愈來愈少，直到最後對任何事情全都一無所知的人」，但這完全不影響我對作者的尊敬、對他整套系統思維的認可，並從本書中吸收到許多珍貴的智慧和啟發。

作者用珍藏多年的女兒七歲時的圖畫作為本書結尾，並表達他的心願：「希望本書已經幫助你從設計與建構組織的普遍觀念中解放出來，在未來為自己的組織量身打造出更好的設計。」讀者閱讀本書時，切記初衷是徹底了解組織這個奇特的生物，幫助自己更有效管理組織的運作。

在七種組織類型以外

本書將複雜的組織運作歸納為七種類型和七種作用力，最妙的是，作者又提出要突破局限，跳出組織類型的「框框」。我特別喜歡作者在書中運用許多故事和比喻，比如他用「蜜蜂和蒼蠅」的實驗（第二十一章），說明跳出思考框架多麼重要。實驗是把十隻蜜蜂和十隻蒼蠅放進一個不封口的瓶子，瓶底向光。聰明而且有邏輯的蜜蜂被自己的認知和邏輯所局限，努力飛向光源，直到全部鞠躬盡瘁而死；而隨機四處亂飛的蒼蠅，反而在非常規情境下，因不受限於既定認知，最終全都獲得自由。

作者在本書中建構出各種組織類型的「框框」，卻深切提醒我們不要受限於此。這讓我想起武當派掌門人張三丰，對受過嚴格訓練後準備下山闖江湖的張無忌交代：「把我教你的招式全都忘掉」，然後「見招拆招，無招勝有招」。閱讀本書也是同樣的道理，深入理解作者精煉出的各種組織類型和作用力，然後要活學活用。

避免陷入「不知以為知」的盲點

跟組織類型相對應的是領導風格和組織文化，它們之間是相互影響、互為因果的關係，就像家庭的結構會與家長、家風相互影響。閱讀本書時，我們除了要反思自己的組織類型和運作狀態，也要檢視自己的領導風格和組織文化，以及它們之間的因果關係。作者強調，沒有一種組織類型是理想的，每一種類型都有其利弊，這就像領導學中的「情境領導」，要依具體情境而應變。

舉例來說，與一人作主型組織和機器型組織相對應的「家長式領導」及官僚主義管理，是最基本也是最普遍的類型。很多領導者表面上都努力避開家長式領導及官僚主義管理的負面形象，但骨子裡卻又放不開，結果反而綁手綁腳、裡外不是人。明茲伯格在書中仔細分析這兩種傳統組織類型的利弊，指出大多數的新創組織或重大組織轉型時，都是一人作主的集權領導，而組織成長期為了建立標準流程和提高效率，自然也會利用機器型組織的官僚主義。由上可知，當領導者真正理解組織，自然就可以靈活應用，而且可以理直氣壯、表裡一致。

其實，管理實務沒有絕對的答案，難就難在如何面對世事無常的動態變化及應對突發狀況的能力。八〇%的狀況可以按表操課，二〇%必須靈活應變，但真正考驗領導者專業能力的關鍵，往往是那一%的疑難雜症和突發狀況。就像作者在第一章提到，讓一位商學院學生對交響樂團提出改善組織效率的提案，結果就像晉惠帝說的「何不食肉糜」令人啼笑皆非。不食人間煙火的領導者在象牙塔裡做文章很可怕，然而這種似是而非的認知障礙其實相當普遍。

老子說：「知不知，上；不知知，病。」知道自己不知道，是上等的智慧；不知卻自以為知，是嚴重的病態。好好消化、內化作者透過本書分享半世紀累積的智慧，能幫助我們破解許多「不知以為知」的盲點，提升應對疑難雜症和突發狀況的領導與管理功力。

從此岸到達彼岸

在書末，作者用布拉格一座公園的步道設計為我們畫龍點睛，揭示一個很簡單但很重要的道理：設計師精心設計一條S形步道，作為引導人們從街道通往橋梁的理想路徑，但居民們卻直接穿越草坪，走出一條直線通往橋梁的路徑。這不也經常發生在我們的生活中嗎？在組織管理上，不也常看到管理者們自以為是的設計出各種「顯規則」，但實際運作的卻是自然發展出的「潛規則」？組織是由人所組成，管理者必須了解人性、以符合人性的方法管理組織，才能讓組織有效運作。

建議讀者在閱讀本書時，要不斷與自己現在和過去的經驗進行對比，讀完書之後，還要給自己安排功課，反思組織當前的類型和作用力（此岸），發想未來你想要、需要、能要、該要的組織類型和作用力（彼岸），進一步剖析離開此岸通向彼岸的初衷（為什麼？要什麼？不要什麼？）然後制定出如何從此岸到達彼岸的行動方案（停止做什麼？開始做什麼？繼續做什麼？）這麼一來，就能發揮出閱讀本書的最佳效益，創造持久永續的組織競爭力。

序言

組織是種奇特的生物

我在一九七九年出版《組織的結構》（*The Structuring of Organizations: A Synthesis of the Research*），該書使用的字級較小，全書總計五百一十二頁，因其行文流暢連貫，是我所有著作中最喜愛的一本。它也是我最成功的著作，一九八三年出版的《卓有成效的組織》（*Structure in Fives*）是這本書的精簡版，該書採用的字級較大，總計三百一十二頁。

本書是《卓有成效的組織》的修訂更新版，在這個最新的版本中，與其說是我個人研究的綜合心得薈萃，不如說是我畢生鑽研組織設計的總整理。一九七九年以來，每當我出版研究論述時，總要面對大量且雜亂的文獻，這時格外需要發揮統合的工夫，把大量研究文獻彙整起來。而我深信，即使相隔將近五十年後的今天，不論在實務工作或教育領域上，我們仍然需要對「組織」有更廣泛的了解，因為幾乎我們做的任何事都與組織脫不了關係。

因此，我以前著《卓有成效的組織》為基礎，融會我歷經這半個世紀的經驗，以及親身觀察到的其他經驗，最終寫成這本書，幫助所有讀者全面徹底了解組織。遁世者可以不閱讀本書，學究們也是。本書的參考文獻較少，但我不對那些老文獻致歉。好的洞察就跟好酒一樣，禁得起時間的考驗；好故事也一樣，在本書中，你將會讀到許多好故事，有經典的老故事，也有你從未聽過的新故事。

許多人可能視我為管理研究者，但從本質上來說，我其實是個組織研究者。在我的整個研究生涯中，幾乎都致力於探索這些「奇特生物」。正如優秀西洋棋棋手能在一場接一場的比賽中快速洞悉每場棋局，我在多年來對組織的觀察、諮詢和體驗中練就出一種能力，那就是當我進入一個組織，就能感受到它的文化、狀況，甚至還能嗅出這個組織的氛圍。試想，半個世紀的投入，能夠累積出多少經驗、多少故事。我聽過一個科幻故事，故事中有個人物每次經過正在修剪的草坪，都會聽到草發出的叫聲。我可沒那麼精神失常，但每當我靠近一個組織時，都能聽到它的叫聲，無論它的叫聲是歡愉或是絕望。

這本書雖然是我獨自一人撰寫，但若是缺乏組織的支持，絕對無法完成（現在，幾乎事事皆如此）。感謝麥基爾大學（McGill University）總是全力支持我，尤其感謝現任管理學院院長優蘭德・陳（Yolande Chan）。感謝貝瑞特—科勒（Berrett-Koehler）出版公司，尤其是兩位合作夥伴尼爾・梅麗特（Neal Maillet）以及史提夫・皮耶爾桑帝（Steve Piersanti），與他們相處總是令人無比愉快。

衷心感謝以下人士給予的支持：達爾西・奈默（Dulcie Naimer）的貢獻良多；助理桑塔・巴蘭卡・羅德里格斯（Santa Balanca-Rodrigues）已陪伴我四分之一個世紀，每一天她都成為我更得力的幫手；耶利米亞・李（Jeremiah Lee）協助我迅速找到本書定位；傑夫・庫力克（Jeff Kulick）嚴謹審閱書稿；艾力克斯・安德生（Alex Anderson）的一絲不苟彌補我在這方面的不足；查爾斯・馬夫爾（Charles Marful）的適時救援，促使本書第二至六章臻至完善；拉爾斯・格羅司（Lars Groth）提出詳盡的建議，協助釐清書中混淆不清的概念；薩庫・曼特瑞（Saku Mantere）針對第二十章提供寶貴建議；大衛・皮蒂（David Peattie）和艾希莉・英格倫（Ashley Ingram）設計書籍表現出色，艾美・史密斯・貝爾（Amy Smith Bell）細心編輯本書；蘇珊・明茲柏格（Susan Mintzberg）擔任編輯協力，戴夫・杜德利（Dave Dudley）的繪圖，哈妮・莫哈瑪帝（Hanieh Mohammadi）、卡爾・摩爾（Karl Moore）及何塞（P. D. Jose）提供的協助。

第一章
我們的組織世界

你今天和多少個組織打交道？如果我說十個，會不會太誇大？讓我們從早晨說起吧。首先，你查看電子郵件，這得感謝一家手機製造公司和一家網際網路服務供應商。接著是早餐時間，在農夫、工廠、食品店、航空公司及貨運業者的聯手下，你才吃得到你的早餐。然後，你去一家企業、政府機關或非政府組織上班，或是去學校上學，在這段路程中，你可能使用當地客運公司提供的運輸服務，或者你是開車。你走的公路上有警察巡邏，這段公路是由市政府負責維修。在餐廳吃完午餐後，你可能去你常去的銀行辦事，或是去一家健身房運動。回到家，你透過Google的瀏覽器，去維基百科查詢一些東西，然後觀看電視台的新聞報導，接著閱讀由一家出版公司製作出版的某本書（這本書是由一位作者所撰寫，但這位作者並非一個組織）。

我算了一下，你今天至少和十五個組織打過交道。想一想，我可能還遺漏了多少個？從在醫院出生到在殯儀館舉行葬禮，我們都生活在一個組織的世界裡。在這段人生旅程中，組織教育我們、雇用我們、娛樂我們，同時也不時激怒我們。然而，我們對於「組織」真正了解多少呢？

如果你想了解自己（例如你的個性、焦慮等等），可以去書店挑選心理勵志書閱讀。如果你關心經濟狀況，可以閱讀一些政治部落格的文章，獲得最新的經濟情勢分析。但**在個人和總體經濟之間，我們如何能夠了解這些名為「組織」的社會產物實際的運作方式？**（補充說明：本書中的重點都會以粗體字凸顯。）

如果你也有這樣的疑問，歡迎你閱讀本書！

組織到底是什麼？

當一個七歲孩子問你：「你一直在說的這些『組織』，到底指的是什麼啊？什麼是Google？一個組織怎麼會是一顆蘋果呢？」請問你該如何回答？你會說：一個組織是指一棟建築物嗎？組織就是被稱為「員工」的人們每個月拿到薪資單上印著的「那個標誌」

嗎？你能在超市裡看到一整顆蘋果，但要去哪裡看到完整的這家蘋果公司呢？請容我再次竭誠歡迎所有七歲小孩和成人來到複雜又多樣的組織世界！

關於組織的幾個定義

在我們正式開始之前，先來看點正式的定義。**所謂「組織」，是基於共同目標而以結構化方式進行的集體行動。**若要讓七歲以上的人都能輕鬆理解，也可以使用比較淺白的說法：一群人按照某種安排好的方式，共同努力達成某件事。而**所謂「組織結構」，是為使組織成員有效採取上述行動而設計的關係模式。**

讓我們從圖1-1著手。在這張圖裡，你可以看到許多形形色色的組織，這是根據它們所隸屬的部門來劃分，包括：公共部門（public sector）的政府、私人部門（private sector）的企業、多元部門（plural sector）的社團（多元部門中的社團大多是團體形式，通常是由成員擁有，例如合作社；或是無人擁有，例如慈善機構、非政府組織及私立大學）。[1]你

圖1-1　畫出我們的組織世界

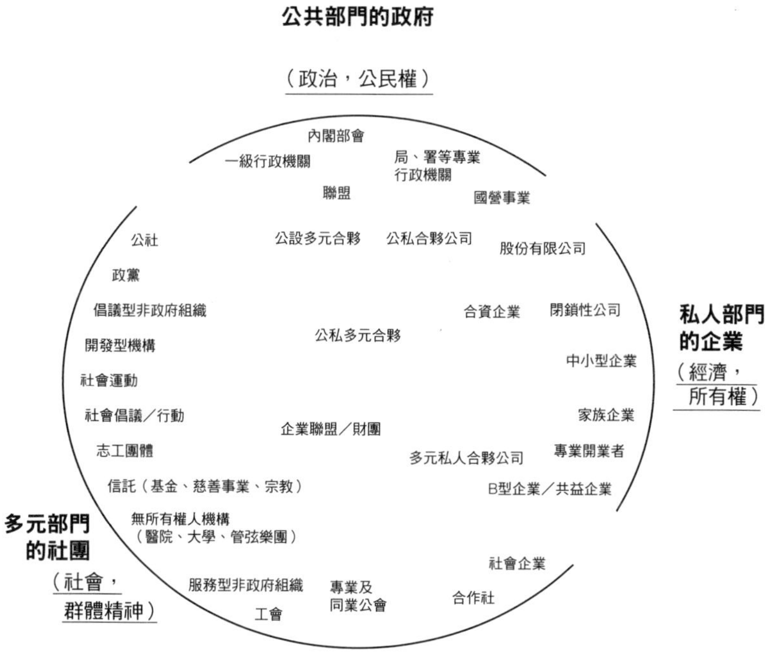

可能對於圖片中的許多組織有一些了解，藉由這張圖把它們全部匯集起來，形成我們的組織世界。

最糟糕的組織管理方式

腓特烈·泰勒（Frederick Taylor）在一九一一年出版《科學管理原理》（*Principles of Scientific Management*），書中提出適用所有組織管理工作的「最佳方法」。[2]儘管人們已經淡忘他當年提出的具體方法（拎著碼錶站在勞工身旁，對他們工作的每個細節進行微觀分析，把他們當成一雙雙沒有頭腦的手），但大家依舊牢記著以下觀點：總有一種適用所有組織的最佳工作管理方式，無論是維修店、汽車公司、食物銀行或工廠化農場等。

然而，你相信真的有一種策略規畫能適用於所有組織嗎？對我來說，**最糟糕的管理方式，就是相信有一種建構組織的「最佳方法」**。各種組織之間存在著巨大差異，例如，或許你已經意識到「一個交響樂團」迥異於「一間工廠」，但並非所有人都清楚這一點，例如下面這個例子。

如何讓交響樂團更有「效率」？

一位年輕的商學院學生終於有機會應用所學，他被要求研究一個自己不熟悉的組織，並提出改善組織效率的建議。這個學生決定研究一個交響樂團，並在聆聽此生首場音樂會後，提出以下分析：

樂團演奏過程中，四位雙簧管演奏者有很多時間無事可做，應該減少雙簧管數量，並且更平均的分配演奏工作，以減少演奏者勞逸不均的問題。

二十把小提琴都在演奏相同的旋律，這似乎是非必要的重工現象，應該大幅精簡小提琴手人數。

設備老舊是另一項必須認真探討的課題。節目表上說，小提琴首席使用的樂器已有數百年歷史，依正常折舊時程計算，價值已經減損為零，早就應該汰換為更現代化的設備。

演奏者為精準呈現三十二分音符而投入太多心力，這似乎太執著於非必要的細節。建議將樂譜中的三十二分音符全部改為十六分音符，就能讓更多實習生和較資淺的演奏者上場。

最後，似乎有太多小節出現重複旋律，應該盡可能予以精簡。弦樂器已經演奏過的樂段，管樂器就無須再重複。根據初步估算，若能除去重複冗贅部分，不僅可以讓整場音樂會的時間從兩小時縮減為二十分鐘，還可以省去中場休息時間。[3]

這實在非常滑稽，對吧！但如果這位商學院學生選擇研究一間工廠呢？那可能就沒人會笑了，而且最笑不出來的人，應該是那間工廠的員工。我想你大概猜到了，上面這個故事是杜撰的，但杜撰的內容只有背景而已，類似情節在真實世界中卻隨處可見。

有位哈佛商學院教授喜歡把醫院形容為「專精工廠」（focused factory）[4]，試問你會想讓自己的寶寶在這樣的地方出生嗎？還有許多政治人物認為「政府應該運作得像企業一般」，你能認同這種觀點嗎？這樣說來，企業也應該運作得像政府、歐式足球應該使用美式足球的球場及設備嗎？[5]

最大、最小、最奇怪，以及最常見的組織

你能想到最大的組織是什麼？又或者與其說「最大」，不如說「最大膽」的組織是什麼？英國國民保健署（National Health Service of England，簡稱ＮＨＳ）號稱是規模龐大、僅次於中國人民解放軍、沃爾瑪（Walmart）和印度鐵路公司（Indian Railways）的組織。是的，從組織人數來看確實如此，但你會希望醫師用這樣的心態為你接生寶寶嗎？

你能想到最小的組織是什麼？我年輕時曾在一家生產小標籤的公司工作過，那間公司有兩名經理，一位負責生產，另一位負責銷售。有天，他們不清楚為何訂單總是得花很長時間才能進入生產線，於是要我去追查（採取類似泰勒的方法）。結果我發現，一張訂單會先放在負責生產的經理桌上，直到那位經理在上頭簽名，然後訂單才會被送到另一位經理的桌上，直到他簽名後，訂單才會再回到第一位經理的桌上。這個故事帶來的啟示是：兩名經理就足以形成一個科層制的繁文縟節！

你能想到最奇怪的組織又是什麼？舉例來說，像是紙鎮收藏家協會（Paperweight Collectors Association）或協會主管協會（Association of Association Executives）。多年前，我看到一個名為美國飛行事故殯葬禮儀師（Flying Funeral Directors of America）的組織，

這個組織擁有明確的使命：「創造並進一步發展航空業及殯葬服務業的共同利益：當重大災難發生時同心協力，並致力於改善飛航安全。」[6]這是一個多麼奇特的使命，令人不禁想像當災難發生時，他們是否會在該埋葬乘客還是拯救乘客之間兩難。

最常見的組織呢？也許是餐廳吧，或許此刻離你不遠處就有一間。然而仔細思考餐廳的多樣性（從油膩的街角小餐館、連鎖速食店、頂級餐廳到提供宴會服務的公司），就會發現我們無法找到能滿足所有類型餐廳需求的「最佳方法」，正如同我們無法找到一位能為所有類型餐廳掌廚的「最佳廚師」。

雞同鴨講

讓我們試著想像，有兩位加拿大生物學家湊在一起討論彼此的研究，其中一人研究熊，另一人研究河狸。假設他們現在沒有能夠表示這些不同物種的詞彙，只有「哺乳動物」一詞可供使用（就像我們使用「組織」一詞那樣的籠統），那麼，他們會如何討論哺乳動物過冬的最佳地點。

「當然是洞穴囉。」研究熊的生物學家說。

「開什麼玩笑！」專研河狸的生物學家說：「掠食者會進入洞裡吃掉牠們。牠們應該在湖邊建一個木造建築，掠食者來的時候就能游進湖中，躲過一劫。」

「你才是在開玩笑吧，」研究熊的生物學家反擊道：「哺乳動物根本沒有掠食者！」

顯而易見，他們是受限於詞彙而各說各話，就如同**當缺乏討論組織類型的詞彙**而淪於雞同鴨講，這正是人們會把交響樂團和工廠混為一談的原因所在。無知就像是我們的掠食者，透過忽視不同組織之間的差異，將我們的組織一口吞噬。因此，在本書中，我將針對組織類型提供適當的詞彙，幫助所有人克服這個問題。

從五種類型到七種類型（以及更多類型）

我在一九八三年出版《卓有成效的組織》，該書是一九七九年出版的《組織的結構》一書的精簡版。[7]最近，我覺得該是再次修訂的時候了。因此，在本書的新版本中，我綜合過去半個世紀期間對於組織的觀察及體驗，尤其是將組織類型從前著的五種擴增為七種，並探討左右組織結構的七股作用力（為什麼都是「七」呢？請參見專欄文字）。

神奇數字7

根據《符號詞典》（*Dictionnaire des Symboles*）指出：「5這個數字代表中心、和諧與均衡。」[8]也許吧，但更重要的是「7」這個數字代表「完美」，是「人類完整性的象徵」，反映出完成的狀態。那麼，何不將組織分為七類呢？

心理學家喬治・米勒（George Miller）在著名的〈神奇數字：7±2〉（The Magic Number Seven, Plus or Minus Two）一文中指出，我們具有將事物區分為七個部分（例如世界七大奇景、一週七天等等）的傾向，反映人類在短期記憶中所能保存的「意元」（chunk）數量。這就好比當我們說「世界有三大奇景」時，多少會感覺有些單調，但說「世界有十二大奇景」，又會因為項目太多而讓人難以完全記得[9]。所以將世上的組織分為七類或許是個好主意，畢竟身為作者的我，並不想給自己和讀者增添過多記憶負荷。（至少，在進入第十七章之前，就用七這個不會太多、也不會太少的數字吧。）

開始撰寫此書時，我和在波士頓當顧問的友人耶利米亞．李（Jeremiah Lee）聊天，他對我的工作有很深入的了解。他向我提出一個問題，讓本書有了不同的發展方向。由於我在過去著作中已經對組織策略、管理工作和社會平衡等議題提出綜合性觀點，於是他問我：「何不將這些綜合性觀點統整起來呢？」[10]於是，我思考過後做了幾個決定：

1. 把本書的英文書名改為《Understanding Organization…Finally!》；
2. 以組織議題為核心，匯集我對管理、決策及策略形成的理解；
3. 採取更為活潑的撰述風格，以便讓所有需要了解組織的人都能從中獲益。（截至目前為止，你覺得我在「讓文風活潑」方面的表現如何？）

正如你可能已經猜到的那樣，本書共分為七部。在第一部「重新檢視組織」中，探討如何運用組織的藝術、技藝與科學，來做出決策、形成策略及實行管理；為了更深入的理解組織，第二部介紹組織設計的基本元素；第三部則進一步將這些元素組合成組織的四種基本類型：「一人作主企業」（personal enterprise，或稱一人作主型組織）、「內建設定的機器」（programmed machine，或稱機器型組織）、「專業人員組合體」（professional assembly，或稱專業型組織）、「專案拓荒者」（project pioneer，或稱專案型組織）。這三部內容構成本書的核心。

除了一系列對組織類型的探討之外，我們必須把組織視為一種由各種作用力交織而成的網絡。因此，第四部介紹四股基本作用力：團結（consolidation）、效率（efficiency）、精通（proficiency）、協作（collaboration），它們分別是上述各種類型組織運作的支配作用力。另外有三股可能存在於所有類型組織中的作用力：分離既有結構（overlay of separation）、注入文化（infusion of culture）、衝突入侵（intrusion of conflict）。當這三股作用力分別成為主要支配力時，就分別形成另外三種組織類型：「事業部門」（divisional form，或稱事業部門型組織）、「群體船」（community ship，或稱使命型組織）及「政治競技場」（political arena，或稱政治型組織），這是本書第五部探討的內容，因此最終得出七種組織類型與七股作用力。

第六部把上述作用力和組織類型編織起來，說明這些作用力如何錨定組織類型，以防止它們失控；如何建立混合型組織；以及如何驅動組織生命週期中的類型轉變。

在第七部中，我們將跨越七種組織類型的邊界，以「開放」為本書畫下句點。首先說明現代組織如何開放其邊界來與外部組織進行整合，其次探討如何以開放的方式進行組織設計。

遁世者或許不需要了解組織，但對於大多數人來說，都有了解自己所在組織的需求。至少，若我們想要有建設性的使用組織，就必須深入了解組織，認識這些「奇特生物」是什麼？它們如何運作？它們在什麼情況下行不通？我們可以如何使它們變得更好？探究這些疑問的解答很重要，因為當你放下本書後，馬上就會面對熊、河狸，以及組織世界裡的其他奇特生物。別害怕，救援大隊來了！

第一部

重新檢視組織

當你走進一個組織，不妨請他們讓你看看這個組織的樣貌，他們很可能會向你展示一張「組織架構圖」。不過，我總會好奇在這張架構圖中，除了一個上司上頭還有另一個上司的層層堆疊，難道就沒有別的了？這就好比你去造訪朋友，本來想看看他們的家庭相簿，他們卻向你展示家譜。

該是重新檢視我們的組織的時候了！本書第二章探討組織中的角色、組織中各部位的連結，以及管理者所處在的位置。第三章則介紹一個由「藝術」、「技藝」及「科學」構成的三角形，來說明組織如何做決策、形成策略，以及管理者在組織中完成工作的各種方式。

第二章
角色與部位

幾年前在一則廣告中，出現下方的圖，並聲稱「這不是一頭牛」，而是牛的組織部位圖。對於一頭健康的牛來說，這些不同部位的牛肉甚至不知道自己是個「部位」，它們只是專注於共同協調運作。這則廣告對讀者提出的問題是：**你希望你的組織運作得像一頭健康的牛，還是一塊塊不同部位的牛肉？**[1]

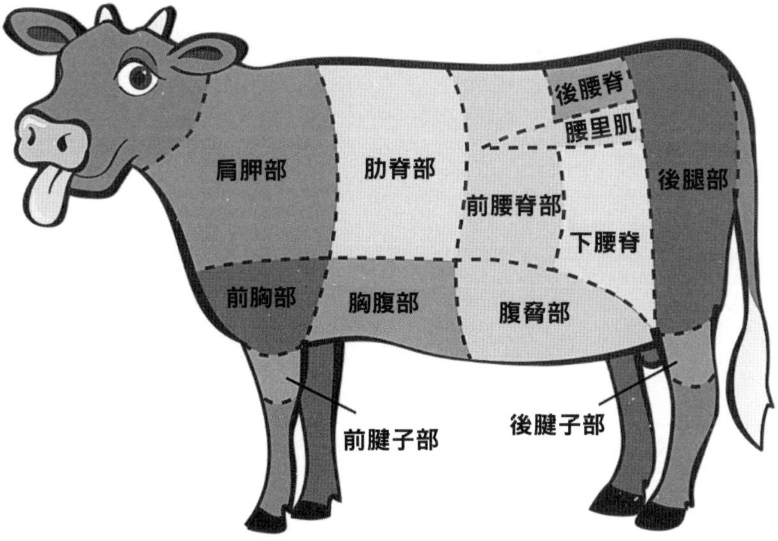

牛的組織部位圖

這是一個非常嚴肅的問題！牛都可以毫無困難的運作得像頭牛，每個人也能夠自然運作得像個人（至少就個人生理層面而言是如此），但為什麼我們一同工作時卻會出現如此多的問題與麻煩？會不會問題出在：我們太過執著於那些組織圖？

破框思考

當人們大談「破框思考」（thinking outside the box）的同時，卻總是難以擺脫自己腦海中的那些框架，尤其是像圖2-1那樣的組織圖；它誕生於十八世紀，至今依然被廣泛使用。

組織就是它的組織圖嗎？牛就是牠的骨骼嗎？組織圖裡那些位居愈高的方框就是組織的管理者，那麼方框之間的線條表示他們能夠彼此對話嗎？或者，這些方框只

圖2-1　一個組織圖

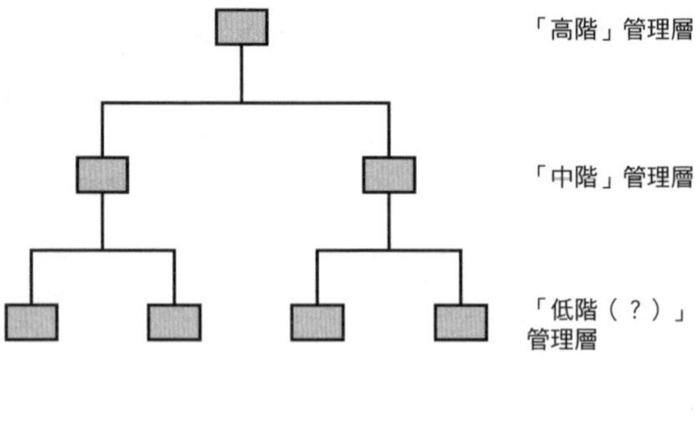

不過是為了把我們全都框進去呢？

當然啦，組織圖有其用處。如同一張地圖能夠標示出不同的城鎮以及連結它們的道路，組織圖向我們展示各部門及人員如何組成單位，以及如何透過制式職權彼此連結——也就是知道各自的職稱、誰隸屬於誰管轄。然而，就如同我們無法光憑地圖，就知道當地的經濟和社會情況，組織圖也沒辦法告訴我們組織中的事件是如何發生，更遑論為何會發生。有時候，你甚至無法從組織圖看出這個組織靠什麼維生。組織圖真正反映出的，或許是我們對於權力及地位的迷戀，例如誰能爬上組織高層等等（參見下文專欄）。

「高層」究竟是高在哪裡？

我們往往相當隨意的使用「高階管理層」（top management）一詞。然而所謂「高層」究竟是高在哪裡？可能是指位居組織圖的頂端、薪資最高級別，甚至是位在總部大樓的最高樓層。然而站上組織的最高層，是否就能讓高階主管真正掌握組織的實際運作？那可未必，他們不一定能看到組織中其他人看到的事物。

高階管理層之下是「中階管理層」（middle management）。顧名思義是位於組織圖的中層，但他們是否確實扮演著組織運作的中介角色？有的中階經理人只是負責將訊息向上層及下層傳遞，有些中階經理人則能夠將現場行動與高層辦公室中的抽象想法連結起來。這樣說來，我們或許該稱他們為「聯繫經理人」（connecting managers）會更加貼切。

那麼，「低階管理層」（bottom management）呢？你聽過這個名詞嗎？既然有高階和中階經理人，那麼位於組織圖底層的自然應該是低階經理人吧。雖然可能沒有組織會使用這樣的稱呼，但其實每一個底層經理人都很清楚自己在組織圖上的位置，以及在組織中的地位。

如果你想在組織中矯正這些扭曲的現象，那麼，我提供給你的建議是：除非你已經準備好使用「低階管理層」的稱呼，否則請禁用「高階管理層」一詞。

又一次的組織改組（**reorganization**）**降臨了**。圖2-2呈現的是改組後的組織，請與圖2-1相互對照，你看得出來兩張圖有何差異嗎？如果你是在組織圖上被移來移去的經理人，那麼肯定看得出差異，像是換了一個新頭銜，多半會有一個新「上司」，以及一些新

「下屬」。（瞧，多糟糕的用詞！）關於組織，在這些頭銜以及發號施令的權力之外，一定還有更加重要的東西。如果「眼見為憑」這句話是真的，那麼我們理應採取嶄新、不同的方式重新看待組織。

組織改組之所以如此受歡迎，是因為它做起來非常容易。你只要坐在一台有著大大「刪除」鍵的電腦前，甚至只需要一張紙、一支筆（最好是鉛筆，配上一塊好用的橡皮擦），然後把會計部門移到這裡、行銷部門移到那裡，或是讓崔維斯擔任運輸部長、達芙妮轉調國防部之類的。總之，他們全都被調動了……但也全都感到傻眼與困惑——如同這段文字所形容的：「我們訓練得很辛苦，但似乎每當我們的團隊開始成形時，就會被改組。後來我終於明白，改組的目的在於因應各種新狀況。這真是一種創造進步假象的美妙方法，同時可以製造混亂、降低效率和打擊士氣。」順帶一提，這段話的出處通常被視為是由西

圖2-2　組織改組後的組織圖

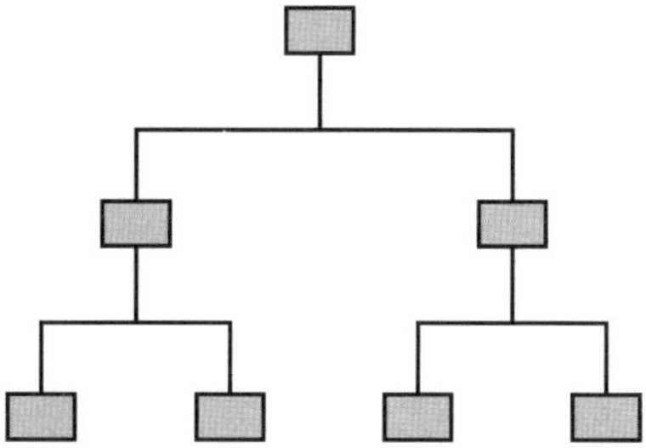

元前二五〇年古羅馬時代的海軍軍官佩托尼奧斯・阿爾比特（Petronius Arbiter）所言，但實際上這段話應該是發表自一九四八年左右。

讓我們試著想像一下，另一種進行組織改組的方式：調動員工座位。這種改組方式或許得花更多工夫（至少對設計者而言確實如此），卻可以減少其他人所耗費的力氣。於是突然間，工程部的伊妮德發現自己的座位被換到行銷部的麥克斯隔壁，他們不再像過去那樣相互抱怨與指責，而是開始相互交談（至少他們可以在上司看不到的咖啡機旁交談）。

這才是真的改組啊！

角色

牛擁有肺臟、肝臟、大腦、腸子等真實組成的部位，它們各自肩負著一些實質功能（相較之下，一塊沙朗牛排除了讓牛被結束生命之外，沒有任何貢獻）。同樣的，組織也有真實組成的部位，其成員各自肩負著一些實質功能：

- **作業人員（operators）：負責執行組織中的基本作業工作，例如：生產產品、提供**

顧客服務，以及任何直接支援的工作。

舉例來說，在曲棍球隊中，他們負責踢球得分、阻擋對手射門、保養與維護裝備等工作；在餐廳裡，他們負責烹飪牛排、為客人上菜、代客泊車等工作；若是在製造業公司，則是指採購人員、機器操作員、銷售人員等。

- **支援幕僚（support staff）：間接支援作業活動。**

他們開發資訊系統、提供法律服務，或是在櫃台接待訪客。算算大學裡的所有支援服務，例如：圖書館、就業輔導、計算薪資的會計、安排宿舍服務、校友聯繫、人力資源部門、教職員俱樂部等等，多到令你懷疑還有沒有其他空間能留給教授們。附帶一提，「幕僚」（staff）這個字還有其他的使用方式，有時泛指員工，例如一家律師事務所的幕僚人員；有時指特定的作業人員，包括醫院裡的醫師；甚至也被用來指管理高層，例如軍隊裡的幕僚長。

- **分析人員（analysts）：使用分析方法來控管與調整營運活動。他們除了規畫營運活動、安排時程、定期評量、規畫預算，有時還會訓練執行營運活動的人員，但他**

們本身不執行營運活動。

這些分析人員有時被稱為組織的技術官僚（technostructure）。後文將會說明，一些組織幾乎沒有分析人員和支援幕僚，但有些組織則有大量的分析人員或支援幕僚。

- **經理人（managers）：負責監督組織中特定單位或整個組織，並肩負正式職責。**

這裡提到的「單位」可能是指組織制式架構中的一個部門，像是醫院的急診室、餐廳的糕點廚房，或是曲棍球隊裡的前鋒線。除了最小型的組織以外，在大多數組織的組織圖上，這些單位通常層層堆疊，形成正式的職權階層（hierarchy of authority）。例如士兵組成一個班，多個班構成一個排，多個排構成一個連，多個連構成一個營，多個營構成一個旅，多個旅構成一個師，這樣層層上疊，直到最後構成軍團或軍隊。每一個單位都有各自的經理人，職稱從中士到將軍。

在其他地方，我們也常看到不同頭銜的經理人，例如曲棍球隊裡的教練、宗教裡的主教、執導電影的導演。掌管整個企業的經理人通常被稱為執行長（CEO），其下可能有其他「長」字輩的最高管理階層，例如：營運長（COO）、財務長（CFO）、學習長

（CLO）等等。現在，「執行長」一詞已經被其他組織廣泛使用。（不過羅馬天主教會的掌門人頭銜仍然是教宗。）所有經理人除了監督所屬單位的工作，也連結自己掌管的單位和外面世界，例如：銷售經理會拜訪顧客；教宗對聖彼得廣場（Saint Peter's Square）上的信眾發表演說。

- **文化（culture）：文化是瀰漫於組織的信仰系統，為所有角色提供一個共同的框架，理想上，文化為組織的骨骼結構注入生命。**

就如同每一個人有其個性，每一個組織也有其文化，以及自身的做事方式；有些組織的文化較不明顯，有些則擁有高度引人注目的特殊文化。（除此之外，我們也會觀察到各種職業文化，例如：醫藥業文化；或是組織中不同部門的文化，例如：銷售部門的文化、行銷部門的文化。更明顯的例子是不同國家的文化，例如德國的文化與義大利的文化不同。）

麻省理工學院史隆管理學院教授（MIT Sloan School of Management）艾德・夏恩（Ed Schein）把組織文化區分為三個層次[2]：「人為事物」（artifacts），能明顯象徵這個組織，例如筆記型電腦上的蘋果公司標誌、天主教會的十字架，或是美國的自由女神像；更深一點的層次是信奉的「價值觀」(values),是指對外公開的意向聲明,例如十誡,或是其他的使命聲明。最深層、有時甚至是未能被意識到的層次,是組織成員行為中隱含的「基本假設」(basic assumptions),例如要求成員維持高品質,事事快速完成。可以想見的,一個健康的組織所信奉的價值觀,理當體現其基本假設;但也未必總是如此,例如「漂綠」(greenwashing)一詞,就是用以形容對環保責任的空洞聲明。

- **外部影響者(external influencers):他們尋求自外部影響組織的行為。**

像是工會、當地社區、遊說大型企業,以及遊說政府的特殊利益團體。舉例來說,綠色和平組織(Greenpeace)在聯合國氣候變遷大會(COP)上進行遊說,里約熱內盧的球迷支持佛郎明哥隊(Flamengo)。現在,許多企業的外部影響者被稱為「利害關係人」(stakeholders),而有別於持有公司股份的股東(shareholders)。[3]這些影響力人士構成一個外部聯盟,這個聯盟可能是被動的,或是由一個團體積極主導,或被分為幾個不同的團體。[4]

早期的一個代表性標誌

書籍通常是以線性順序，從頭到尾、逐字逐句進行撰寫。若是寫日記倒沒什麼問題，但撰寫書籍時，如果得用線性順序來敘述完全非線性的東西（例如組織的性質），則可能無法幫助我們清楚理解。為了克服這樣的限制，我傾向運用圖解、圖表和其他圖像來解決這個問題。所以，請讀者做好將在本書看到大量圖像的心理準備。

在我之前的著作中，曾用圖2-3來呈現組織中的成員。位在最底層的是作業人員；他們之上是中階經理人與高階經理人（又稱為「策略層峰」〔strategic apex〕）；而分析人員和支援幕僚則位於兩側。後來，我在周邊加上文化的光環，以及所有相關的利害關係人。這張圖成為該書的代表性標誌，人們對它做出種種聯想，從肺、蒼蠅頭、腰豆、女性的卵巢、倒置的蘑菇，以至於其他更糟糕的比喻，大家簡直是玩瘋了！

然而，當開始撰寫這本新書時，我重新檢視當年這張圖，我認為圖中呈現的是傳統的組織階層觀。因此，在這本新作中，我沒有刪除這個過去的代表性標誌，但決定去除其中的階層結構圖。在本書後續的內容中，你會看到我用這張圖的種種變形，來展示組織類型的差異，有些組織看起來更像原始的這張圖，有些組織則顯得較為扁平或是圓潤。

鎖鏈、樞紐、網絡及套組

接下來，我們來看看組織中各部位之間的連結。我把連結的形式區分為：鎖鏈（chain）、樞紐（hub）、網絡（web）及套組（set），這幾種比喻可以幫助我們理解組織如何流暢或不流暢的進行運作。

讓我們想像一場婚禮，活動本身是個

圖2-3　角色與部位

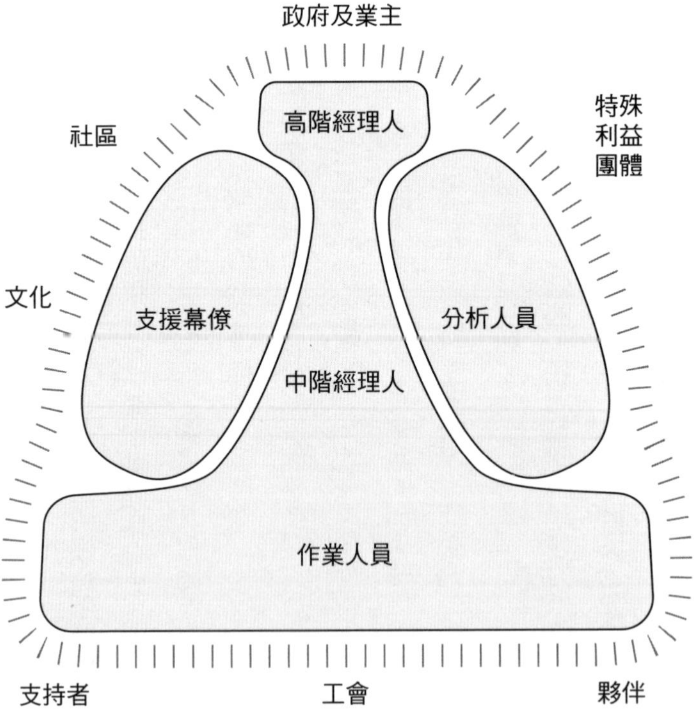

「樞紐」，來自各地的賓客因為這場婚禮共聚一堂。當用餐者在自助餐檯旁排隊時，他們形成一條「鎖鏈」——亦即他們排成一縱列，向前走過一盤又一盤的菜餚。然後，他們回到餐桌旁就座，會場有多張桌子，每張桌子是一個「套組」。當跳舞節目開始時，會場就變成互動活動的一個「網絡」，賓客們開始四處走動、與人聊天。

視組織為一條鎖鏈

現在，對組織的最盛行描述是**鎖鏈，工作是以線性順序流動**。舉例而言，汽車是沿著生產線進行組裝，將一個個部件逐一安裝上去。棒球賽裡的雙殺（double play）也是一條鏈——由游擊手傳向二壘，二壘手再傳向本壘。

麥可・波特（Michael Porter）首創的「價值鏈」（value chain）概念已成為盛行的組織方式。[5]供應鏈（supply chain）一詞也流行起來，被用以描述組織中的後勤作業。不過，如前所述，書籍是線性的，組織中大部分活動卻不是線性的。試想在大學裡，專長為策略學的教授會以任何鎖鏈的形式和專長為行銷學的教授相互連結嗎？醫院裡的小兒科和老

組織如鎖鏈

年醫學科呢？零售連鎖店旗下的各家商店真的像鎖鏈般相互運作嗎？所以，或許該是把鎖鏈拆解成樞紐、網絡及套組的時候了！

視組織為一個樞紐

樞紐是協調的中心，是組織活動的焦點。當一座機場被廣泛的用來轉運各航班之間的乘客時，我們會稱這個機場為一個樞紐。但每個機場本身也是一個樞紐，班機和乘客會聚集在這裡，並從這裡出發。同樣的道理，一家醫院也是病患及醫護人員的樞紐。其實在醫院裡，大部分情況下，每一個病患就是一個樞紐，病患會接受醫院提供的各種服務，例如：護理、醫療、食物、氧氣等等，而不是將病患在不同的服務之間移來移去。

在大型飛機的組裝過程中也是如此，比起把組裝中的飛機移動到零組件旁，不如把零組件運送到組裝中的飛機旁更為容易。[6]就連一個經理人也可以被視為一個樞紐，關於這點，只要看看足球隊練習時的足球教練就能明白。

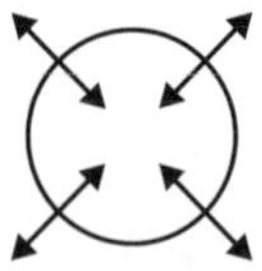

組織如樞紐

視組織為一個網絡

如果造訪一家建築師事務所的設計工作室，你會發現裡頭的人就像婚禮上那些跳舞的人一樣，以不同於鎖鏈的井然有序，也不同於樞紐的匯聚與分散的種種方式進行互動。**當組織像是網絡或網路時，意味著開放式的人員、資訊及（或）物料流動，沒有固定的順序或中心**，它們靈活多變的移動。當你不太知道你要往何處去（不同於棒球賽中的雙殺，清楚知道要把球往何處傳），或是不知道哪裡是樞紐（不同於醫院裡的病患，他們是醫護組織提供服務的主要對象），但你確實需要密切合作時，則最好將組織視為網絡。全球資訊網（World Wide Web）之所以名為一個網路，就是這個道理。

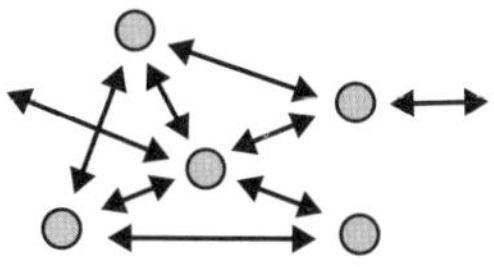

組織如網絡

視組織為一個套組

但是，當組織成員不需要密切合作時呢？例如，醫院裡的小兒科和老年醫學科、商學院裡的策略學教授和行銷學教授、集團裡的事業單位

（divisions，這名稱很貼切），更別提零售連鎖店旗下的各家分店。這些絕對不是樞紐、鎖鏈或網絡形式的組織，而是一**個套組：各部位鬆散的關聯，彼此之間幾乎不連結**，但互相有共用的資源（因此，大學被定義為一群共用一個停車場的教授的集合）。

縱使他們看起來像是在一起工作，實際上卻可能是分開工作。以心臟手術為例（我的一個博士班學生動過這種手術，歷時五小時），外科醫師和麻醉科醫師可能彼此不會交談，這是因為每一個人都很清楚另一個人會做什麼。又像是表演中的交響樂團，那些樂手幾乎很少看指揮，更遑論去看彼此。

任教於加拿大蒙特利爾大學的麗莎．拉默提（Lise Lamothe）教授，在研究醫學專科的博士論文中發現：白內障手術流程就像一條步驟鎖鏈；風濕病學則像一個樞紐（主治醫師會諮詢其他專科醫師的意見）；老年醫學科則更像是網絡，基於老人身心失調的多樣性病徵，更需要團隊聯合會診以利治療。就像蒙特利爾一家醫院的老年醫學科主任所說的，物理治療師往往是最好的診斷醫師。[7]當然，一家醫院

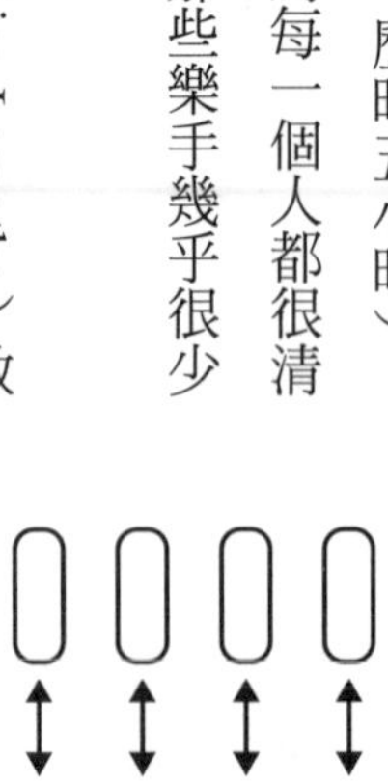

組織如套組

裡的所有醫師也可以組成一個套組。

多年來，每當我想全面了解某個特定組織的整體運作方式時，我總是召集這個組織的一群人，一起描繪出一幅組織運作圖（organigraph），透過這樣的過程，觀察工作任務如何在組織中運作，辨識組織內每一個主要成員的角色。而運用「鎖鏈、樞紐、網路、套組」的觀點，對此特別有幫助。[8]

哪裡可以見到管理者？

回頭看看鎖鏈、樞紐、網路及套組的圖示，試問，在每一種運作與連結形式中，我們該把管理者的位置放在哪裡？

在一條鎖鏈中，答案似乎很明顯：**管理者的位置在橫向作業鎖鏈的上方**。每一條垂直的指揮鏈（chain of command）上方都有一個管理者，而所有管理者之上又有一個管理者。所以組織圖還是有其用處（如第八章所述），儘管它們還是有些局限（如第七章、第九章及第十章所述）。

不過，在一個樞紐裡，管理者若位於上方，可能就會脫離這個樞紐，那麼就容易搞不清楚組織的狀況了，因此樞紐型的組織管理者必須身處行動所在地的中心。或許，這正是醫院（樞紐）的高階主管辦公室往往在主樓層的原因，反觀量產製造公司（鎖鏈型組織）的執行長辦公室，則通常位於頂樓。正如女性經理人莎莉・海格森（Sally Helgesen）在其著作《柔性優勢》（*The Female Advantage*）中寫道：「她們通常稱自己位於中間，不是高高在上，而是位居中心。她們不是向下指揮，而是走入其中。」[9]

在一個樞紐裡，你可以用同心圓取代高、中、低階管理層：把中央管理層（高階主管）置於最中心，圍繞在外的是聯繫管理層，聯繫管理層則連結至面對周遭世界的營運／作業管理層（operating managers），參見圖2-4。

然而，在一個網絡型組織裡，如果你把管理者置於中心，就等於把它中央化，亦即把它變成一個樞紐，這麼一來，可能會讓組織成員們把所有關注聚焦在上司，因而不再隨意互動。如果把管理者置於網絡上方呢？那麼管理者可能會脫離網絡，搞不清楚狀況。

究竟在一個網絡裡，管理者的位置應該放在哪裡呢？我的回答是：到處可見——沿著每條線以及所有節點上，都有管理者的身影。換言之，管理者必須走出他們的辦公室，出席各種會議，加入員工在走廊上、食堂裡的種種交談，隨時體察實地情況。這並非是指凡事採取緊迫盯人的微觀管理（micromanage），而是管理者必須實地了解情況，以便在情況開始不對勁時，隨時採取行動。

圖2-4　環繞式管理

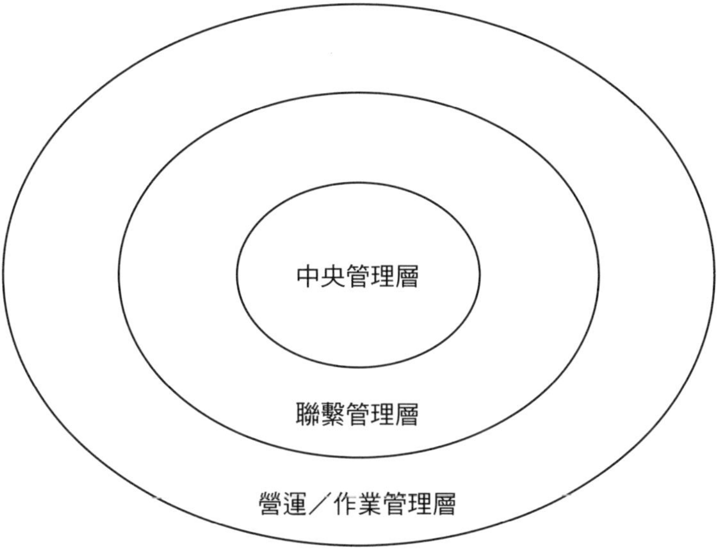

史蒂夫・賈伯斯（Steve Jobs）每天早上會待在蘋果公司的一個設計實驗室裡[10]。為什麼這家巨型科技公司的執行長不待在他的辦公室裡閱讀財務報表，而是在設計實驗室裡呢？因為他選擇運用他的卓越才能，幫助創造出比史上任何公司（包括由精於數字計算的人執掌的公司）更高的股東價值。

此外，在一個網絡裡，不僅要處處管理，而且，人人都做管理工作。組織中的所有成員都能執行通常由鎖鏈上方或樞紐中心的管理者執行的工作。本書後文將再探討這種分布式管理（distributed management）。

在一個套組中，人們大致上各自工作，管理者不僅可以不在其中，而且最好大部分時間都不在其中，不做監督的事。舉例而言，沒有任何一個執行手術的外科醫師，會仰賴管理者所給予的操作指示或施加控管。只要分配好資源（例如預算形式的資源），人們知道他們必須做什麼，就會自行去執行與完成工作。

所以，別試圖用鎖鏈把所有樞紐、網絡及套組綁在一起。這四種方式雖然不同，但全都是看待及管理組織的合理方式。在重新檢視組織中的部位與角色之後，接下來，我們來探討組織裡的一些主要流程。

第三章

組織的藝術、技藝與科學

組織中許多重要的事務，包括制定決策、形成策略及管理工作，都可以被描述為藝術、技藝與科學的結合。「藝術」（art）立基於洞察、想像與直覺，比較偏向創意導向；「技藝」（craft）著重實用、務實與實作，比較偏向經驗導向；而「科學」（science）則更傾向根據事實與分析，偏向於證據導向。在正式探討三者在制定決策、形成策略及管理工作中的應用之前，我們或許不妨先思考看看，自己的管理風格屬於何種傾向（參見下文專欄）。

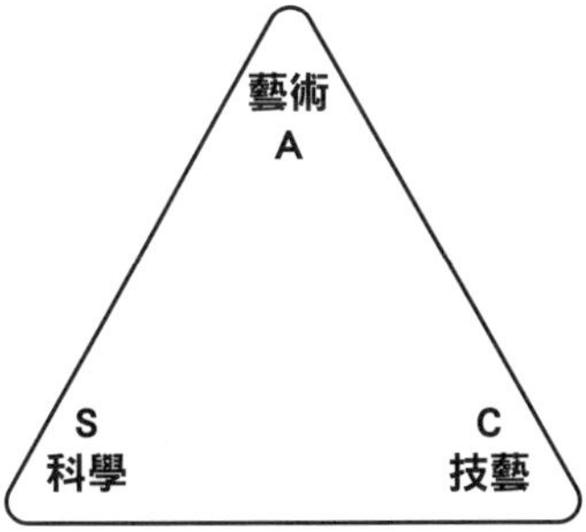

三種傾向的管理風格

你認為自己屬於何種管理風格？

圖3-1呈現許多詞，這是由組織發展顧問貝佛利．派威爾（Beverly Patwell）和我共同製作，用來幫助人們評估自己或他人的管理風格是屬於藝術、技藝及（或）科學傾向。

請將這張圖複製於一張紙或電子螢幕上，從每一行的三個詞中，圈出最能描繪你（也可以是某位管理者或任何你想分析的人）的詞。注意！每一行只能選一個詞，並請選擇最快從你腦海中浮現的那個。最後，計算每一欄被圈選到的詞數，三欄得分合計應該為10分。

圖3-1　形容你自己

步驟一：請在每一行圈選一個詞來形容自己。

	創意	經驗	事實
	直覺	實用	分析
	心	手	腦
	策略	流程	結果
	啟發	實作	得知
	熱情	助益	可靠
	新穎	務實	決定
	想像	學習	組織
	看見	實作	思考
	「無限可能性！」	「沒問題，馬上做！」	「完美！」
總分			

資料來源：©Mintzberg and Patwell.

圖3-2　評量你的落點

步驟二：加總各欄被圈選的詞數。

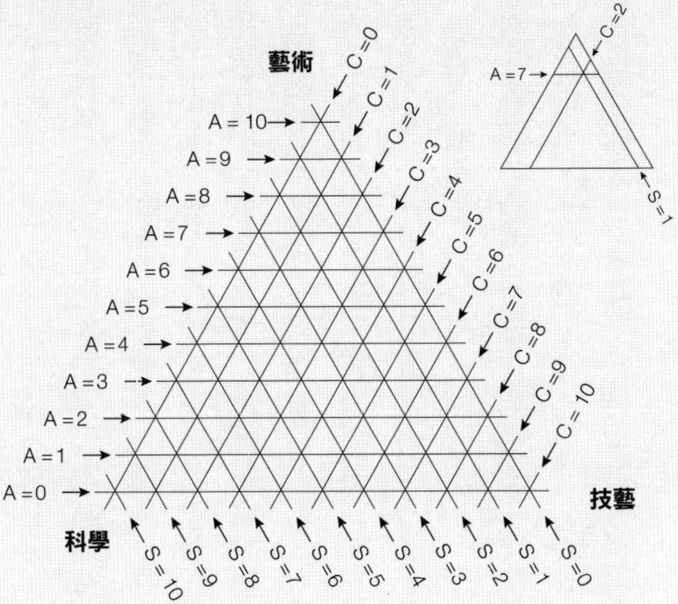

資料來源：©Mintzberg and Patwell.

第一欄是你的藝術得分，第二欄是技藝得分，第三欄是科學得分。在圖3-2的三角形中，畫出相應於第一欄得分的A線（代表藝術），繼而畫出相應於第二欄得分的C線（代表技藝），這兩條線相交之處（圖例為7分A線與2分C線），也應該是你在S線（代表科學）的得分（總分為10分，所以此例的科學得分為1分）。三角形中的三線交叉點，代表你的管理風格在藝術、技藝及科學上的傾向，有可能是對其中一項有強烈傾向，也可能是對其中兩個或三個有強烈傾向。

切記，上述結果是反應你對自己的看法，與他人對你的看法可能有所不同。當你的工作或人生目標有所改變，對自己的看法也可能隨之改變。若能讓每位工作團隊成員（或家人）都進行這樣的自我評估，然後比較彼此得到的結果，可能會獲得一些啟發性的發現。

正如後文將談到的內容，雖然多數組織都存在三種型態的人才，但某些組織有時會有特定的傾向。例如，我們不難相信廣告公司裡有很多藝術型的人，工程部門有較多技藝型的人，而會計師事務所則有很多科學型的財務分析人員。

決策是藝術、技藝或科學

當做決策時，未必是基於你的想法，也可能是基於你看到什麼，或是你做了什麼。分析型的人傾向「先思考」，藝術型傾向「先看」，技藝型則傾向「先做」。

我們都很熟悉做決策的步驟：首先是定義及診斷課題，接著找出或創造出處理這個課題的各種可能方案，然後評估每種方案，從中選出最好的一個。如果你認為做決策如此簡單，不妨換個例子，像是人生中最重要的一個決策：挑選配偶。想想看，你是按照下列步驟做決策（或打算這麼做）的嗎？

首先，列出理想對象（假設是一位女性）應該具備的條件，例如：聰慧、漂亮、嚴肅。然後辨識可能人選，衡量每一位候選人在各項條件上的得分，最後把這些評分加總起來做出決定，並且通知這個幸運兒。這種決策方式就是「先思考」，聽起來或許很明智，但在挑選配偶及很多其他決策上卻未必行得通。如果嘗試把這種做法運用在感情生活中，你多半到現在還是單身。（當你好不容易做出決定，結果對方告訴你：「什麼？你想選擇我？你在跑這一套繁瑣無聊的分析流程時，我已經結婚並生了一個孩子啦！」）

更常見的挑選配偶方式是「先看」，也就是俗稱的「一見鍾情」。某天，你轉過街角看到一個特別的人，腦中突然浮現「啊，就是他了！」的想法。組織中常常使用這種「先看」的決策方式，普遍程度遠超過多數人想像，尤其是挑選某個職務的適任人選時。

「先做」的決策方式同樣很普遍。至於用這種方式找配偶的話，會發生怎樣的結果，細節還是留給你自己想像比較好（如果你在藝術那欄得分高的話，不妨多多發揮想像力）。我只能說，當你不是思考清楚再做，而是先做然後再思考，那麼在不確定該如何著手的情況下，你會先做一些事、見一些人，先試著邁出一小步。如果行得通就邁出更大的一步，如果還是行不通，就換個做法再嘗試一次，不斷持續下去，直到最終找到有效方法。跟前面兩種做決策的方式一樣，「先做」的決策方式也存在於大多數組織，不過往往會偏好某一種方式，有時甚至偏好到有些過頭。

我曾聽過一種逗趣的說法：所謂精算師，就是指原本可以當會計師，但覺得那一行太過刺激而感到難以承受的人；然而對一家廣告公司的成員來說，太過刺激反而是件好事。不過，如果凡事偏好「先做」，卻做過了頭，可能會發生什麼事？我想引用泰瑞·康諾利（Terry Connolly）的話：「這種『先小試一下，再看看結果如何』的策略，並不適用於決定是否要發動核戰或生小孩。」[1]

策略是技藝加藝術，不怎麼涉及科學

我們對「策略」的定義，往往和我們使用它的方式南轅北轍。[2]

每次當我請一群管理者定義「策略」時，最常聽到的說法是：「策略是一種計畫」，或者用「目標」、「方向」、「願景」等意思相近的詞彙來說明。這些詞彙聚焦於未來，也就是「意圖的策略」（intended strategy），一如辭典中定義的那樣（圖3-3a）。接著，我請他們談談組織近年來實際所採行的策略，也就是「實現的策略」（realized strategy）。他們總是樂於侃侃而談，卻沒發現自己所說的內容與剛才提出的策略定義出現矛盾（圖3-3b）。

我們可以視策略為一種「計畫」（plan），也可以將策略視為一種「模式」（pattern），也就是組織一貫性的做法，例如：生產高品質產品以投入高階市場。

最後，我問這些管理者，最終「實現的策略」是否與當初「意圖的策略」一致，結果很少人回答「是」或「否」，多數人認為是兩者的混合。如圖3-4所示，**當意圖的策略被付諸實現，可稱為「慎思型策略」（deliberate strategy）；而組織在行動過程中所逐漸形成的策略，則可稱為「浮現型策略」（emergent strategy）**。

顯然，策略很少純粹是慎思型或浮現型，大多是兩者的結合。為什麼？因為**組織不**

圖 3-3a　視策略為一種計畫（意圖的策略）

圖 3-3b　視策略為一種模式（實現的策略）

圖3-4　策略的形成

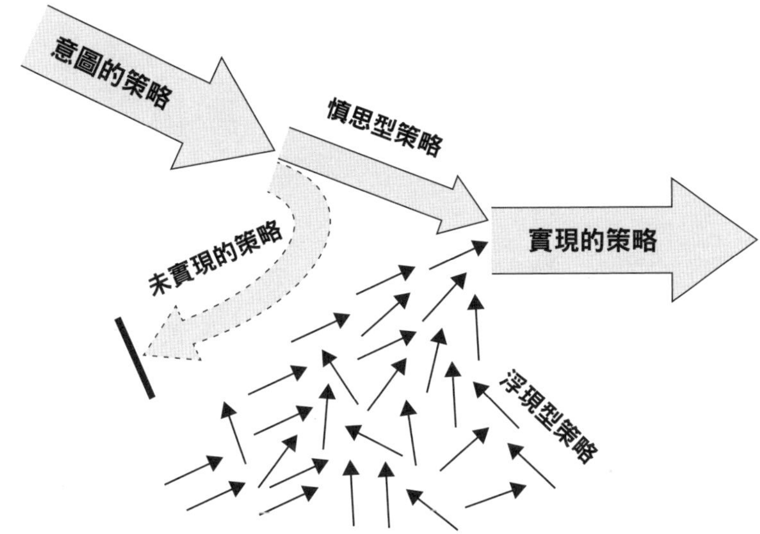

僅會計劃，它們也在學習；不僅從審慎思考形成策略，它們也會在實踐過程中發現策略。策略是一種綜合的工夫，你無法用分析的方法得出綜合的結果。分析確實派得上用場，但只是形成策略時的投入要素之一，並非過程本身。

在這裡，我們可以加入「定位」（position）和「觀點」（perspective）的概念，來擴大對策略形成過程的理解。當我詢問這些管理者：「麥當勞在早餐時段推出滿福堡，是不是一種策略改變？」他們的意見開始出現分歧，有些人認為：「當然是，它是在一個新市場中推出一項新的產品。」其他人則說：「噢，拜託！它還是相同的東西，只不過用了新的物料。」這兩派說法都正確，只不過是對於策略定義的看法有所不同。

策略可能是市場上的一種「定位」（圖3-5a），如同麥可．波特提出的論點；或者，**策略可能是組織的一種「觀點」或願景**（圖3-5b），也就是彼得．杜拉克（Peter Drucker）所謂「企業的概念」。[3]滿福堡是維持既有觀點，並增加一個新定位。麥當勞如果開賣法式橙汁鴨胸，那就是同時改變定位及觀點；如果推出用法式酸麵包製作的大麥克，則既沒有改變其定位，也沒有改變其觀點。最有趣的是，如果麥當勞改變服務方式，由服務生將大麥克端到顧客餐桌上，這麼做則是為了維持其定位而改採新觀點。為什麼會有公司這麼做？不妨去訪問報社，他們因為部落格及串流服務而失去大量讀者，所以不得不改變經營模式，以留住顧客群。

匯總以上四種策略定義，則可得出形成策略的四種流程。我們將在後文中看到，它們非常貼切的與本書第三部討論的四種基本組織類型對應。這四種流程中，一種是以科學型，基於「思考」（尤其是分析），稱為「規畫模式」（planning model）；一種是藝術型，基於「看」，稱為「願景模式」（visioning model）；第三種是技藝型，基於「做」，分別為「創業模式」（venturing model）及「學習模式」（learning model）。分述如下：

圖3-5a　視策略為一種定位

圖3-5b　視策略為一種觀點

- **規畫模式**：認為策略是管理高層在規畫師幕僚支援下制定的慎思型定位（deliberate position），由其他人實行。
- **願景模式**：視策略為慎思型觀點（deliberate perspective），由一個有豐富經驗及創意洞察的遠見者想出來的。在這願景中，可能浮現詳細的策略定位。
- **創新模式**：讓組織中的各種人員及團隊倡議及推動新事業，亦即所謂的「讓一千種策略定位開花」。在這些人或團隊眼中，這些定位可能是規畫出來的，但在組織中其他人看來，這些定位可能是浮現出來的，亦即出自意料之外。
- **學習模式**：就是先去做，透過嘗試與摸索的學習過程，在組織中與積極、有見識的人相互激發火花、截長補短下，浮現策略定位及觀點。

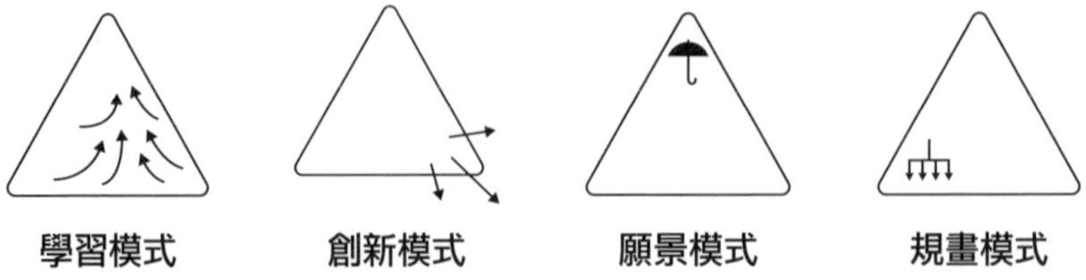

管理是技藝，佐以藝術及有限的科學

如果你問：「管理者的工作是什麼？」得到的答案多半會是：規畫、組織、協調、指揮及控制。如前所述，這五個與控制有關的詞，可以回溯至一九一六年。當時的人們觀看任何一位管理者在做的事，都會將觀察到的一切分類至這五個詞之下。[4]

管理是一種實踐，而不是一種專業或一門科學。[5]它主要是透過經驗而習得，這意味著即使一些優秀管理者展現出相當高的藝術性，但管理本質上仍是一種技藝。管理者也會使用一些科學（通常是以分析的形式出現），但使用程度遠不及醫療及工程等專業領域。過度使用科學，尤其是過度依賴評量，已經變成「現代」管理的禍源。

那麼，管理者實際上做什麼事呢？在早期視管理為「控制」（controlling）的觀點之後，又陸續出現其他的主張。湯姆．畢德士（Tom Peters）認為優秀的管理就是「行動」（doing），所以他喜歡說「別光是想，做就對了！」這十分符合在華爾街經理人的工作方式；反觀麥可．波特則是偏好「思考」（thinking），所以他喜歡「用一套分析技巧來發展策略」。[6]（所以，我們可以區分出以下兩種觀點：波特派的成效觀——做對的事；畢德士派的成效觀——把事情做對。）華倫．班尼斯（Warren Bennis）和亞伯拉罕．索茲尼克

（Abraham Zaleznik）則主張不能只是管理，「領導」（leading）才是真正重要之事，因而深受管理者青睞[7]；赫柏・西蒙（Herbert Simon）則是聚焦於「決策」（decision making），並以此享譽學術界。[8]

不過，他們的主張都不完全正確，因為這些主張全都是對的。**管理是控制與決策、行動與交涉、思考與領導，以及更多其他的事，管理工作不是這些事務的加總，而是這些事務的混合。**圖3-6的管理模型全面性的展示管理工作包含三個層面：資訊層、人事層及行動層。管理者位居中間位置，介於所管理的單位、組織其他部門，以及組織外部之間。

資訊層的管理工作

在資訊層，管理者使用資訊來幫助人員採取行動，其角色是溝通與控制。

- **四處溝通者：**觀察任何一個管理者的工作都能明顯看出：管理者將大量時間投注在單位內部及單位周遭的溝通，也就是蒐集與傳播資訊。
- **內部控制者：**管理者對資訊的一種直接運用，是用於指揮單位內人員的行為。並非所有管理工作都是控制，但部分管理工作確實需要透過行使制式職權來進行。

圖3-6 管理模型

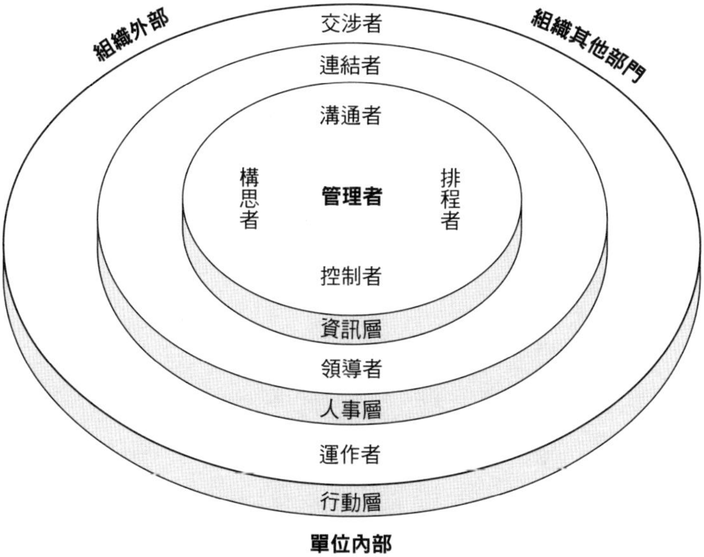
組織外部
組織其他部門
交涉者
連結者
溝通者
構思者
管理者
排程者
控制者
資訊層
領導者
人事層
運作者
行動層
單位內部

人事層的管理工作

在人事層上做管理工作不是透過資訊來管理，而是貼近人們的行動，透過領導與連結這兩個角色，幫助他們成事。

- **內部領導者：**關於領導的文獻，可能比其他管理角色加總起來的文獻還多，但我把領導視為管理的一個角色，而非和其他管理角色區分開來，也不是高於其他管理角色。領導指的是：一、管理與培養員工，使他們更有成效的工作；二、建立與維持團隊；三、建立與強化把團隊裡的所有人團結起來的文化與群體。
- **外部連結者：**研究一再顯示，管理者的對外連結者角色不亞於他們的內部領導者角色。[9]在這個角色上，管理者必須：一、增強外部人脈；二、扮演名義上的首領，對外代表他們的單位；三、對外發揮影響力，為他們單位的需求而奮鬥，為他們單位的理想而遊說；四、審慎明智的把外部影響力傳回他們的單位。

行動層的管理工作

管理者也管理行動，近乎於直接管理。當我們聽到「瑪莉安是個能做事的人」這句話時，我們通常不是意指她做的是生產產品或維修機器之類的作業工作。管理者在行動層上以一步之遙，幫助其他人完成他們的工作，他們倡導變革、參與專案、處理紛擾、進行交涉。下面我們就來談談管理者所扮演的內部運作及外部交涉角色。

- **內部運作者：**管理者不僅被動處理紛擾，同時也要主動管理機會。例如加入一個團隊，不只是為了變得消息靈通、增進見聞，也為了影響這個團隊的成果。
- **外部交涉者：**交涉是運作的另一面，是運作的對外表現。管理者與包括供應商、金主及事業夥伴在內的外部人士交涉，也與自家組織內的其他管理者交涉。管理者也使用他們的外部人脈來進行協商，例如和合資企業的合夥人或代表勞工的工會進行協商談判。

現在，我們可以理解過度側重單一管理角色的危險性，因為這麼做可能導致圖3-6的管理模型出現傾斜，就像失去平衡的輪子般搖搖欲墜，讓管理工作陷入失控。維持組織良好運作，是管理者的一大職責。思考是沉重的（過多的思考可能壓得他們難以前行），行動是輕盈的（過多的行動可能導致他們的注意力難以集中）。過度側重領導，可能導致管理者偏離管理的實質內容；過度側重連結，可能使管理者的工作淪為公關。只做溝通的管理者永遠無法成事，而凡事親力親為的管理者，則將落得必須自己做好所有事情的下場。

那麼，如何才能兼顧這些角色呢？你必須坦然面對管理工作中必然面臨的一系列難題（參見下文專欄）。在重新檢視組織的角色與部位，並考慮決策、策略及管理的藝術、技藝與科學後，接下來在第二部，我們來探討組織設計的基本部件。

無可避免的管理難題

為真正了解管理工作的高度複雜性，請思考下列難題。這裡所謂的難題，是指雖然可以緩解，但難以避免或徹底解決的問題。以下是常見的八個管理難題[10]：

1. **規畫的困境**：這大概是所有管理難題中最基本的一個，困擾著每一個管理者。**在如此忙亂的職務上，光是思考就已經夠頭痛了，更別提事先考慮該如何規畫、如何制定策略**。換個方式來說，在成事的壓力如此大之下，要如何深入規畫，不流於膚淺呢？

2. **聯繫的困惑：管理的本質就是與被管理的那些事保持距離，試問在這原則下，要如何保持消息靈通，保持聯繫呢？**昨天，你撰寫文章；今天，你管理一群撰寫文章的教授。

3. **分解的迷宮：**組織的世界經常被分解成小塊，例如：部門與事業單位、產品與服務、計畫與預算等等，管理者應該督導及整合這一切令人困惑的事務。但是，**在一個被分析得如此支離破碎的世界中，要如何加以整合？**

4. **衡量的疑難：**許多最重要且必須管理的東西往往不容易衡量（例如組織文化和管理階層本身）。那麼，**該如何管理你無法有效衡量的東西？**

5. **授權的困境：**連結工作做得好的管理者能夠獲得大量資訊，但其中很多是非正式資訊（例如個人看法、傳聞、八卦等等）。那麼，**在這麼多資訊是個人性、口頭性、私密性的情況下，管理者該如何把工作授權出去？**

6. **行動的兩難：**當管理者為了更深入了解情況而延遲做出決定時，所有人可能因此無法行動；但管理者若躁進的選擇立即開始行動，也非明智之舉。**該如何在一個複雜而微妙的世界之中果斷行動，並避免落入「因過度分析而癱瘓」和「因衝動行事而滅絕」的陷阱？**[11]

7. **變革的謎題：**「經常變革」與「一成不變」同樣可能導致組織功能失常。**在維持組織正常運作的前提下，如何管理變革？**

8. **自信的拿捏：**管理階層必須展現自信，誰也不想被害怕行動的人管理，同樣的，誰也不想被總是大膽無畏行動的人管理。所以，**如何保持足夠程度的自信，但又不過度自信而變得自負傲慢？**

管理者如何可能同時應付如此多的難題？關鍵在於：面對它們，盡量減輕它們帶來的影響。這些難題並非額外干擾，它們就是管理工作本身！因此，**管理就像在一條條彼此交織的高空繩索上踽踽而行，管理者必須做好平衡——一種動態性的平衡。**

第二部

組織設計的部件

讓我們暫且回到第二章介紹的那頭牛吧！我們可以輕易辨識這頭牛的各個部位，但除非你渴望來塊牛排，或者你是要為牛進行治療的獸醫，否則整頭牛肯定比各個部位要來得有趣得多。牛不是我們設計的，但組織是我們設計的，而且我們還會對組織進行調整。所以，我們必須了解組織的基本部件。

我們得分解組織設計的部件，才能重組出完整的組織。因此，請保持耐心閱讀接下來的三章，分別討論組織的協調機制、設計元素，以及影響組織設計的背景因素。我已經盡力讓它們更加簡短扼要，好把更多篇幅留給關於組織整體的討論。（其中，請務必閱讀第四章。但如果你只略讀第五、六章的粗體字，也不會有太大問題。哦，別擔心，我不會告訴別人的！）

第四章

協調機制

要製作完成一部電影或是在球賽中得分，團隊成員不僅要各司其職，還需要彼此通力合作，這就是所謂的「協調」（coordination）。協調是組織的要素，尤其是組織分工之後，協調這件事更加重要。

分工是相當直截明瞭的事，取決於組織的任務及使用的技術。要製作一部電影，你需要編劇、演員、攝製組、導演等等；要打曲棍球，你需要前鋒、後衛、守門員，以及指導他們的教練。拍攝電影或球賽中的每一個參與者都很清楚自己該做什麼，但若要將所有人的工作整合起來（也就是協調），則又是另一回事。不論一頭牛身上各部位的協調運作發生得多麼自然，當你要協調一群牛時，可就一點也不自然。至於若要協調一群電影工作者，肯定是難上加難。

對於協調牛群來說，一隻咆哮的狗或許會有幫助，但若是在片場中，面對一個咆哮的導演，我們可能就會比較謹慎看待，即使情況看起來他的咆哮有其必要性。這是一種形式的「直接督導」（direct supervision），是本章敘述的六種協調機制之一。另一種協調機制是「相互調整」（mutual adjustment），例如演員聚在一起討論該如何演出某一幕。其他四種則與標準化有關，分別是：「工作標準化」（standardizing the work），例如明訂臨時演員該如何走位；「產出標準化」（standardizing the outputs），例如限制電影預算不超過三億美元；「技能與知識標準化」（standardizing the skills and knowledge），例如雇用在茱莉亞音樂學院（The Juilliard School）受過專業訓練的演員；「規範標準化」（standardizing the norms），例如有些電影會註明「本片向某部經典電影致敬」。以下分別介紹這六種協調機制：

相互調整：直接溝通

在「相互調整」的協調機制下，人們透過交談，直接進行協調（除了當面交談外，也可以借助網路或其他媒介）。不論實作性質是單純（例如兩人一起在

相互調整

急流中划獨木舟）或複雜（例如十多人一起開發新技術），都可以看見這種協調機制的運用。

划獨木舟的兩人必須對彼此的動作做出反應，後座的人穩定航向，前座的人快速划槳，才能避免正面撞上岩石；接著，後座的人必須開始快速划槳，才能避免側邊撞上岩石。同樣的，曲棍球員在冰上傳球時也需要視彼此動作做出反應，管理者在辦公室中也需要因應突發事件，迅速做出調整，就像在急流中遇上岩石一般。就連蜜蜂也會運用這種協調機制：

> 偵察蜂紛紛飛出臨時營地，向四面八方尋找一個新的築巢地點。找到合適的築巢地點後，偵察蜂返回並報告發現地點的方向與距離……。不同的偵察蜂可能找到不同的地點，於是彼此引發一場爭論。最終，被最多偵察蜂回報的地點勝出，接著整群蜜蜂便會一起飛往那裡。[1]

協調與控制是兩個不同的概念。「相互調整」是不具控制性的協調機制，而後面幾種協調機制則具有不同程度的控制性。

直接督導：下達指令

當你讓八名選手坐上賽艇，「相互調整」的協調機制就不管用了，因為他們必須聽從舵手的指揮，由舵手負責指揮操槳的節奏。舵手看起來並不像個會咆哮的上司，但仍然屬於「直接督導」。

更常見的情形是，**「直接督導」是來自位居組織中心位置的管理者，他能在腦海中掌控及了解整個情況，從而告知其他人該做些什麼，以協調團隊運作**。以美式足球比賽為例，四分衛（或教練）會對整個球隊發號施令，協調球員依照指令發動攻擊。

「相互調整」和「直接督導」都是非制式且彈性的協調機制，無論是多人協作或由一人執行，都能即時發揮效用。反觀接下來將介紹的四種標準化協調機制，它們通常是內建於組織制式結構，由被稱為「組織技術官僚」的分析人員預先訂定，因此是經過設計的協調機制。[2]

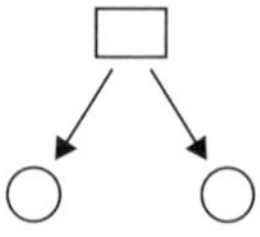

直接督導

工作標準化：建立規則

在美式足球比賽中，一旦下達某個戰術，所有球員都要按照預定設計立即展開行動，例如四分衛喊出「戰術六」，全衛（fullback）立即持球由中路突進。至於汽車組裝廠的情況大致也是如此，所有人都在生產線上，用預先制定的方式安裝特定部件。

「工作標準化」所採用的工作規範方式，可以像一世紀前泰勒對工人那樣，明確規範執行工作的方法；也可以像現在的宜家家居（IKEA）那樣，讓我們按照說明書，回家自己組裝家具。在組織中，這種協調機制通常適用於技術程度較低的操作性工作，但也可能是適用所有人的通則，例如上班穿著的規範。

受到制式規則約束、將多數操作性工作標準化的組織，通常被稱為「科層組織」（bureaucracies）。這個詞起初是中性的描述，但後來逐漸演變為一個貶義詞（後文會討論到）。但問題是：你會願意搭乘一架沒有規則約束的飛機嗎？例如機師可以隨興討論今天想用何種方式降落。

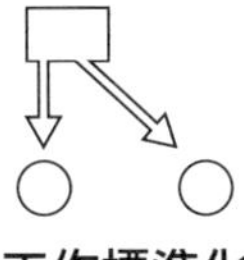

工作標準化

產出標準化：控管績效

如果工作本身無法被標準化，有時可能可以將產出或結果標準化。例如，我們搭乘計程車時，並不會對司機下達「加速」、「踩煞車」之類的指令，而是把結果標準化，指出明確目標：「請帶我去捷運站。」同理，我們不會指示一名工人該如何鑽洞，而是告訴他要鑽一個直徑七公分的洞，這樣才能把另一名工人製作的圓榫安裝進這個洞中。一家公司可能對旗下某位事業單位經理下達一個績效標準（例如將成本刪減一〇%），這類標準化工作大多是由分析人員訂定，他們的頭銜可能是規畫師、財務總監或品管工程師等。

技能與知識標準化：事先訓練

對於具有重複性，但技術性高的工作而言，訓練是一種非常有效的協調機制。一支專業外科醫護團隊，能夠在不說一句話、不用下達任何指令

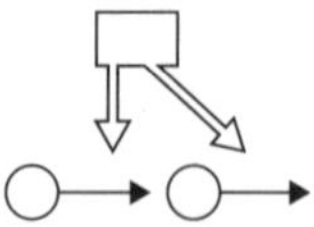

產出標準化

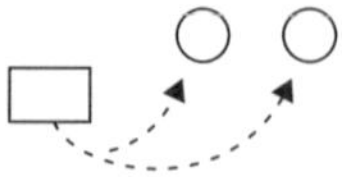

技能與知識標準化

的情況下完成心臟手術。他們透過「技能與知識標準化」來進行協調，每個人都能夠清楚知道其他人的期望；除非出現突發狀況，這時就需要「相互調整」了！他們就像舞台劇演員，乍看之下似乎在臨場發揮，事實上是把臺詞背到滾瓜爛熟。

在這種情況下，這些人以一個套組的形式工作，彼此共同協調，卻又各自保持獨立。就好比防守方球員在棒球場上演出一次完美雙殺，看似配合得天衣無縫，但這一切全都在練習中預先排練好了。換言之，**大量的訓練把人員的技能與知識標準化，使他們能夠近乎自動化的完成協調。**

規範標準化：共同信念

耶穌會會士說：「愛上帝，然後做你喜歡的事。」[3]他們之所以這麼說，是因為他們非常清楚，當新成員按照耶穌會希望的方式去愛上帝，他們自然會做教團喜歡的事，並為共同的理想而全力以赴。**標準化的規範（或價值觀）能使人們忠於共同信念，促使他們彼此協調。**[4]「工作標準

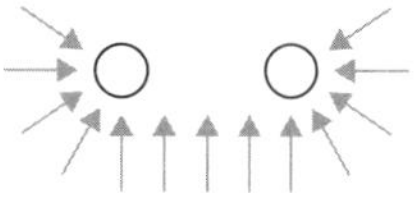

規範標準化

化」及「產出標準化」是由組織制定而公布，「技能與知識標準化」是透過學習而獲得，而「規範標準化」則是在人們被教化或社會化過程中逐漸吸收，因此往往更加深入，能夠超越表象活動而直達人們的靈魂。有時，堅實牢固的規範可以說明為什麼有些組織能運作得那麼好，例如一支默默無名、不知是從哪裡冒出來的足球隊，最後竟然奪得英格蘭超級聯賽（Premier League）中奪得冠軍。

為了更加了解上述六種「標準化」協調機制，我們可以將它們與相反的「客製化」協調機制進行比較，因為後者更仰賴「相互調整」及「直接督導」。在下方專欄中，能夠看到兩個極端之間所形成的連續光譜。

客製化 vs. 標準化

「標準化」的相反是「客製化」，前者是事物完全相同（例如電視機的黑色螢幕），後者則是事物完全不同（例如電視機旁牆上的孩子塗鴉）[5]，而標準化與客製化程度之間會形成一道光譜。

- 位在最左邊的是「**完全標準化**」（pure standardization），例如，這本書的印刷版就只有這一款，就看你是選擇要或不要。
- 「**部分標準化**」（segmented standardization），是指你可以在一些標準化選項中進行挑選。例如，本書除了印刷版，還有電子版、有聲書、視障者使用的點字版。雖然現在多數東西已經標準化，但往往是採取部分標準化形式，例如食鹽既有海鹽或礦鹽，有白色的或粉紅色的食鹽，還有符合猶太飲食戒律的食鹽。
- 在最右邊的是「**完全客製化**」（pure customization），例如，一棟完全按照你的需求而設計的房子、一部按照你的想法所拍攝的電影，它們勢必與任何其他房子或電影截然不同。
- 「**訂做客製化**」（tailored customization），是指可以依照個人特殊需求加以調整的標準化產品。例如，在一套現成西裝的右肩加一塊墊肩、心臟外科醫師為你挑選最適合的動脈支架。
- 落在光譜中央的是「**客製標準化**」（customized standardiz

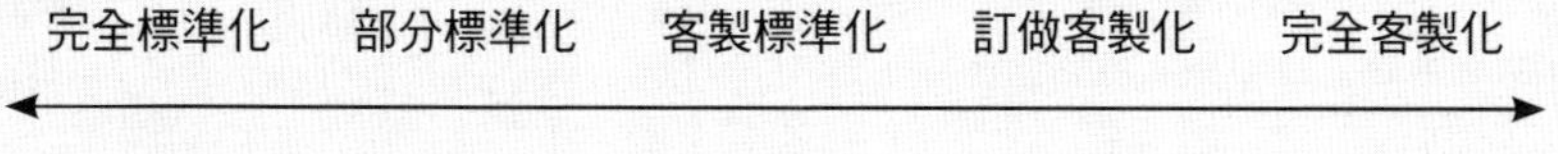

ation），你可以挑選合適的標準化元件，組裝成你喜歡的樣貌。例如，從課程大綱中挑選喜歡的課程，從而取得你的大學學位；或者是從自助餐餐檯上供應的餐點中挑選，組成心目中理想的一餐。

六種機制全都不可或缺

即便許多組織偏好其中一種協調機制，但很少有組織能夠不使用多種協調機制而運作良好，通常前述六種協調機制都得用上。「工作標準化」或許是汽車組裝廠的主要協調機制，但有時領班也需要對工人以「直接督導」的方式下達指令。在美式足球場上，下達指令的可能是四分衛，但球員平日所接受的訓練，仍是以高度「技能與知識標準化」的方式進行；發生傳球漏接時，我們會看到「相互調整」的機制出現；當球員拿到球開始向前突進，隊友們會馬上幫他阻擋對手，從他們拚勁十足的行動，不難看出其中所涉及的「規範標準化」。

這六種協調機制的重要性，從它們悠久的歷史，以及諸多知名管理學著作對於特定機制的關注，就能看出端倪。早在「管理」概念還沒誕生的時代，智人部落就已經透過「相互調整」來協調組織，並由部落中最強壯的人施加一些「直接督導」。隨著人類文明的演進，從酋長、領主到君主的出現，「直接督導」變得更加顯著。這樣的情況一直持續到二十世紀，最早的一批管理著作問世時，依舊聚焦於透過制式職權（亦即「直接督導」）進行控制。[6]

與此同時，各種不同的標準化開始出現在不同場域：泰勒在一九一一年的《科學管理原理》中，將礦場及工廠生產線員工的工作標準化；杜拉克一九五四年在《目標管理》（*Management by Objectives*）中，將管理階層的產出（或結果）標準化；理查·帕斯卡（Richard Pascale）與安東尼·艾索斯（Anthony Athos）在一九八二年合著的《日本的管理藝術》（*The Art of Japanese Management*）中，將戰後日本公司的巨大成功歸功於他們積極投入的文化，也就是他們的「規範標準化」。[7] 其間，二十世紀興起專業主義，促使許多組織紛紛推動技能的標準化，不過管理領域的相關文獻並未對這種協調機制給予等量關注。目前，大多數研究者對於團隊、任務小組及網絡投以較高關注，這些全都是「相互調整」機制的體現。

回顧人類的發展歷程，從祖先的部落到現今我們身處的技術時代，終於完成人類組織協調機制的循環。

第五章
設計元素

本章介紹組織的設計元素，具有轉動旋鈕就能建構組織的力量。我們會從最基本的元素說起，也就是職務（好比組織的身體細胞）的設計，我們會分別介紹職務的範疇（scope）、制式化（formalization）程度，以及它們需要的訓練與教化。

接著，我們會介紹組織的上層結構（好比組織的骨架）設計，探討這些職務如何分組成不同單位、這些單位的規模大小，以及應該把多少決策權下放給這些單位。

最後，我們來談如何強化、充實組織的骨架，思考規畫與控管的制度，以及把所有職務與單位連結起來的橫向聯繫。

職務的設計：範疇

職務的範疇可窄可廣，可分為專業性職務或非專業性職務。棒球隊的投手是具有高度專業的人，在美國聯盟（American League），投手甚至不必擔任擊球員；反觀在板球運動中，許多球員會投球，而且全都擔任擊球員。亞當斯密（Adam Smith）在其一七七六年出版的《國富論》（*The Wealth of Nations*）一書中，曾描述大頭針的製造流程，成為高度專業化分工的最著名例子。

一個人專門負責抽金屬線，另一個人負責把它拉直，第三個人負責裁切，第四個人負責磨尖，第五個人負責研磨頂端以便安裝圓頭。製作圓頭需要兩或三道不同的作業：裝上它是一項專門業務，刷白它是另一項專門業務；甚至，把別針裝入紙包裡，也是一項專門的業務。[1]

為何要如此高度專業化呢？因為這樣才有效率。亞當斯密指出，在一個別針工廠，如果有十個人專注從事自己的專業工作，那麼平均每人每天能夠製造出約四千八百枚大頭針；相反的，如果由一人執行所有的工作程序，他每天能製造出來的大頭針可能不到二十枚。

不過，許多人不喜歡太過單一範疇的職務。因此，距離亞當斯密年代的兩個世紀後，出現「工作擴大化」（job enlargement）的職務，例如電話客服中心重新設計接線員的職務，讓每個接線員能夠處理各式各樣的顧客疑問，不再僅限於少數顧客的疑問，提供預先準備好的標準回答（關於此點，第八章會有更多討論）。

職務的設計：制式化

組織把工作制式化，以禁止執行工作時自由、隨意的處理，進而能夠預測及控管工作。這種制式化的職務設計可能是藉由直接明訂工作細節、詳細說明工作流程，或是建立規則，以控管整個組織的工作。

舉個例子來說，身為本書作者，我的工作不太制式化，因為對於我要寫作的內容以及寫作的方式，我具有相當的主導權；當然，當我寫作時還是得遵從適當的文法規則。但是，本書的印務人員的工作就是高度制式化了。首先，印務的職務說明明訂每個工作人員該做什麼；其次，當他們協助印製本書時，會拿到一張工作單，上面載明本書有多少頁、選擇的紙張及裝訂方式等等；第三，印刷廠工作人員通常必須遵循的規則遠多於大學教授，例如每天的上班時間、午餐時間有多久。

如果你認為現在已經沒有製造別針那樣的工作了，那麼不妨試著想像在速食連鎖店裡製作漢堡。不過，如果你以為教授和醫師的工作相對來說比較不制式化，那麼請想想教師工會及醫師工會制定的種種規範與倫理準則，這意味他們的工作仍具有一定的制式化。

職務的設計：訓練與教化

組織設計載明每一種職務需要具有的技能與知識，以及必須遵循何種規範。這使得你在應徵上麥當勞的工作後，很快就能上手製作漢堡；但是，可別以為進入醫院工作後，很快就能執行手術，因為**前者屬於非技能性質工作**，**後者屬於技能性質工作**，**需要大量的專業教育**，**再加上大量的在職訓練**。以下是一些零售店職務的訓練要求條件：倉庫人員（在職訓練）；收銀員（在訓練中心接受一週訓練）；切肉員（六週訓練，部分是學校訓練，部分是在職訓練）；屠宰員（通常是兩年的在職訓練）；店經理（通常是兩年的在職訓練，加上偶爾一週的在職進修）。

當一個組織雇用專業人員時，它形同把對這些人的大量控管，交給訓練他們的外面機構（換言之，那些機構把他們的技能與知識標準化），以及繼續提升與強化這些標準的專業協會。想想醫療程序與準則和會計準則，這些是真正的「實務社群」（communities of practice）。

介於非技能性工作和技能性工作之間的是技藝，是指制式訓練較少，但受過大量在職學徒訓練，通常會由一位專家督導。雖然，外面有不少訓練廚師的學校，但許多廚師是透過和一位經驗豐富的廚師共事而學習。同理，職業運動員通常由他們的教練負責訓練。

有獨特文化的組織往往特別關心其人員是否吸收組織文化，並期望員工把組織規範內化，因此，它們傾向在組織內推出量身打造的方案以教化（indoctrinate）員工；或者，如果你偏好使用不那麼強烈的用詞，也可以想成是幫助員工社會化（socialize）。

舉例來說，軍隊的新兵訓練營，公司輪調新進人員，目的都是在讓他們熟悉整個地方。當然，有些教化通常內建在專業訓練裡，例如，醫學院除了教授學生解剖學之類的課程，也教導學生成為一位端正得宜的醫師。

上層結構的設計：分組成單位

接下來，我們要探討組織的骨架（也就是支撐並連結各個部位的骨骼），說明如何將各種職務分組成制式單位、如何讓這些單位組合成更大單位以形成職權階層，以及這些不同單位的規模該多大。

「分組」受到如此多的關注，甚至被視為「組織結構」的同義詞，因此人們總是對組織分組情有獨鍾。儘管組織不進行分組似乎就無法存在，如同一個人少了骨架就無法存在，但事實上，正如我們的身體除了骨架還有許多其他部位。同樣的道理，一個組織無法只靠分組就能維持良好運作。

為何要分組？主要基於三個理由：

• **鼓勵「相互調整」**：被劃分為同一組，不僅是實體上同組，還有行政上同組，可以鼓勵同組的人溝通與合作。例如，一家律師事務所可能把專門承接家事事件法務的律師們劃分為一組，鼓勵他們交流經驗。

• **便於「直接督導」**：就算多數時候都是獨立工作的專科醫師，上頭也需要一個主管負責招募新員，以及幫助化解專科醫師之間的紛爭。通常，管理者必須在一個單位裡統籌大小事情。

- **達成一個共同結果：**例如，一家銀行的分行可能把銷售保險、經紀與信託服務的行員劃分在同一單位，以鼓勵達成更多的交叉銷售。

當然啦，在一個部門裡鼓勵做這些事，有可能阻礙跨部門做這些事。當專門承接家事事件法務的律師們需要公司法方面的法律諮詢時，會傾向尋求同公司裡擅長公司法的同事的意見嗎？請參見下文專欄。

組織裡的「穀倉」與「樓板」

你一定知道什麼是「穀倉」（silos），那些垂直圓柱體可以防止穀物散落農場四處。組織裡也有穀倉，指的正是本章討論的那些「單位」。當你看著一張組織圖時，你覺得它的設計目的是鼓勵或阻止人們跨單位進行溝通？為了專業化，組織需要穀倉，但不需要堅不可摧的牆；或者這麼說吧，組織需要的不是無縫，而是良好的接縫，也就是各單位間量身訂製的連結機制。

如果說「穀倉」是組織中的垂直障礙，雖然有利於直接督導，但會阻礙橫向資訊流動及相互調整；那麼「樓板」（slabs）則是組織中的橫向障礙，會阻礙組織階層之間的垂直資訊流動（例如銷售人員和銷售經理之間，或者銷售副總和執行長之間）。當不同階層被放置在建築的不同樓層時（例如所有副總都在一樓），這個問題將更加嚴重，因為人們更傾向水平走動，而非垂直走動（畢竟樓層之間隔著混凝土）。也因此，執行長所在的頂樓是距離理解基層情況最遙遠的地方。

或許，當我們意識到這些障礙不過是我們缺乏想像力的產物時，將更容易跨越它們。花王公司（Kao Corporation）以在開放空間舉行會議而聞名，他們這麼做的目的，是讓任何路過的人都能參與討論。換言之，員工可以參加主管會議，執行長也可以參加工廠會議。

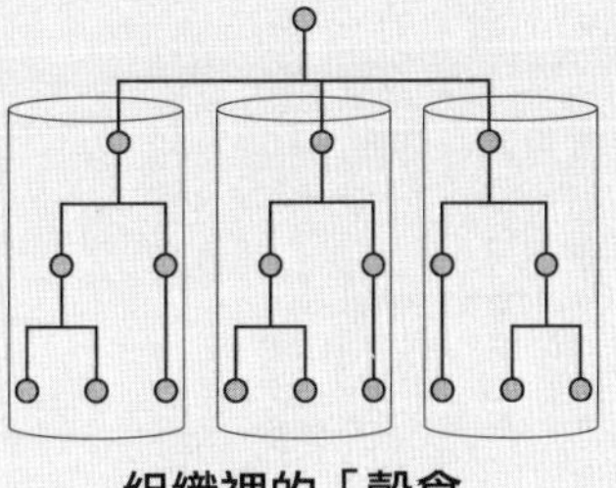

組織裡的「穀倉」

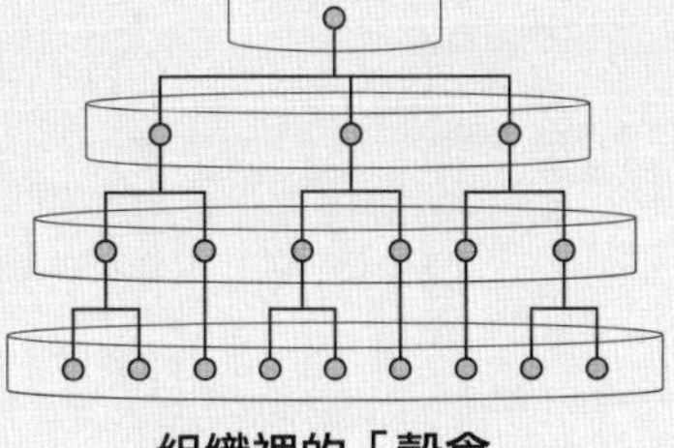

組織裡的「穀倉」

如何分組？

該根據什麼來把職務分組成單位，以及把這些單位分組成更大的單位呢？以下是幾種常見的分組根據：

- **根據他們「做什麼」（what）**：在美式足球賽中，進攻小組的目標是得分，另一隊的防守小組要阻擋他們得分。製造公司通常根據員工執行的功能來分組，例如採購、生產、行銷、銷售。
- **根據他們「如何做」（how）**：內科醫師開處方，外科醫師動手術，小提琴手演奏弦樂，銅管組演奏管樂器。
- **根據他們「為何做」（why）**：亦即根據要達成的一個共同結果。例如，一個多角化經營的公司將組織分為三個單位：筆記型電腦業務、列印機業務，以及客服中心。
- **根據他們「在何處做」（where）**：礦工在地下工作，牙醫在牙齒上做治療工作，酒是在酒吧提供的，某公司的銷售工作在加拿大薩斯喀徹溫省（Saskatchewan）。
- **根據他們「為誰做」（for whom）**：小兒科醫師為小孩服務，老年醫學科為他們的祖父母服務。

- **根據他們「何時做」（when）：**例如一座工廠有日班和夜班。

當然，這些分組可能出現重疊。例如，婦科醫師的分組不僅是根據他們的診療對象，也根據他們如何診療，甚至也根據他們在何處診療。然而，我們還是可以將這些分組方式劃分為兩大類：一、根據「手段」（做什麼及如何做）；二、根據「目的」（為何做及為誰做）。根據手段來分組，有利於專業化，可以讓人員彼此學習，但代價是可能阻礙人員與不同專業人員之間的協調。根據目的來分組則正好相反，能鼓勵跨工作流程的協調，但代價是可能削弱組織內部的專業化。

這傳遞一個重要訊息：**職務與單位的分組並無神奇的最佳準則，只有優缺點消長的不同選擇。**這意味著管理顧問們總是能找到一個更好的組織結構方式，但也可能被證明為更糟糕的方式。於是，我們會看到太多組織奉行的座右銘往往是「當有疑慮時，就改組！」或者，更好的做法是撤除層級，亦即除去一、兩個昂貴的經理人樓板。不幸的是，或者，我應該說幸運的是，**分組並非組織設計的萬靈丹，它不過是眾多設計元素之一罷了。**

不過，就某種意義上來說，組織可以在分組方面做到魚與熊掌兼得。它們可以像架構營火那樣，先以某種方式堆疊，再以另一種方式堆疊。一間製造公司可以在底部根據業務功能來分組，再根據產品線分組，最後再根據地區分組（參見圖5-1）。

上層結構的設計：單位的規模

在一枚大頭針的針帽上能容納多少個天使一起跳舞？中世紀的神學家因為詢問這類問題而遭到嘲笑。那麼，試問一個經理人之下，可以掌管多少個職務？古典管理理論家林達爾・厄維克（Lyndall Urwick）給出的答案是五或六個，他說：「經理人很難直接督導超過五、六個工作互相關聯的部屬。」[2]

如果這個論點是對的，那麼為什麼任職於加拿大麥基爾大學，負責培育學士、碩士及博士且工作互相關聯的教育工作者，卻全都隸屬於一個院長管轄；在一個工廠裡，有那麼

圖5-1　在底部上堆疊分組

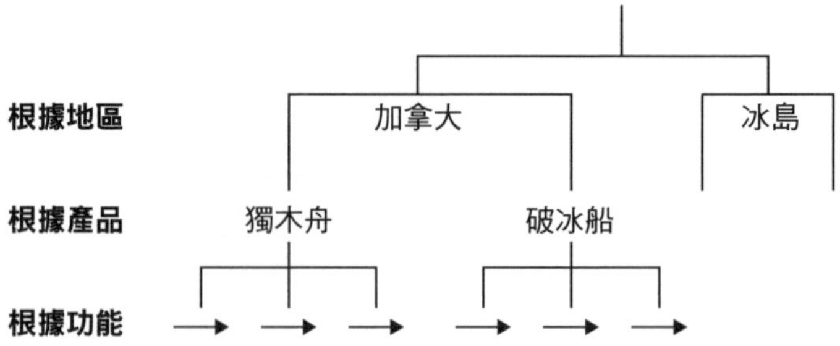

多工作者隸屬於一個領班管轄；交響樂團有那麼多演奏家聽從一個指揮，卻可以演奏出美妙的樂章。但在曲棍球賽中，如果你安排四個前鋒，而不是三個，你可能會因為防守薄弱而輸了比賽，這是否意味著這些單位的人員數必須減至五或六個？顯然不是。我猜想，厄維克思考的應該是針對副執行長向執行長匯報的情況吧。可是，想想組織中存在的其他安排，其實有時候，甚至連那些副手的人數與轄屬安排，也會令人對厄維克的論點產生疑問。不過，我們就此打住這些斷章取義的推論吧。

其實，真正的問題出在名稱。**我們通常把這個設計元素稱為「控制幅度」（span of control），彷彿指的是由一個管理者控管，亦即用「直接督導」來協調。其實不是的，更好的名稱是「單位規模」（size of unit），因為這裡也涉及其他的協調機制**。所有教授、工廠工作者或演奏家可以隸屬於單一一個管理者，這是因為他們的工作大致上是由某種形式的標準化來控管，而非以「直接督導」來控管。

相反的，曲棍球賽中的前鋒線球員人數少，是因為他們仰賴「相互調整」的協調機制，能進行便利、頻繁、非正式的溝通。對這種協調機制的需求愈大，單位規模就必須愈小，一個單位裡有幾十個人的話，很難隨意的溝通。（你可以根據這個原理去解釋為何有點相似於曲棍球的袋棍球（lacrosse），兩邊陣營的球員最多可達一千名北美原住民。）所以，在教學方面，一百位教授可以由一位院長管轄（再加上多位「領域協調人」，他們不是管理者，他們管理誰教什麼課程），但在做研究的團隊方面，六人可能都嫌太多。別忘了，雖然這類團隊可能指派一名管理者（但曲棍球的小組不指派管理者），但這個管理者的工作可能主要是連結團隊與外界，例如擔任團隊的發言人，而非在團隊中擔任領導者。

上層結構的設計：分權化

管理文獻討論「集權化」（centralization）與「分權化」（decentralization）這兩個名詞已經長達一個世紀了，然而這兩個名詞令人困惑的程度卻依然不減。**仔細想想，使用「去集權化」（de-centralization）一詞，不就彷彿隱含「集權化」是一個預設定位嗎？**

試想一家汽車公司有五個事業部門，每一個事業部門負責製造一款車型，而每個事業部門的經理人握有大部分決策權。一九二〇年代的通用汽車公司（General Motors）就是這種結構的著名例子，它的執行長稱之為「分權化」，也就是將權力下放給雪佛蘭（Chevrolet）、龐帝克（Pontiac）、別克（Buick）、奧斯摩比（Oldsmobile）及凱迪拉克（Cadillac）等五個事業部門的經理人。[3]與所有權力集中在總部執行長手中的公司相比，這或許稱得上是分權化，然而考慮一家員工超過十萬人的公司，其中五個人握有絕大部分權力，這樣還稱得上分權化嗎？

當全部決策權握在單一個人手上時，這個組織顯然可以被稱為集權化；當決策權大致平均分散於組織每一個人手上時，這個組織顯然可以被稱為分權化。前者例如獨裁政府，後者例如以色列的傳統基布茲（kibbutz，由成員共有、共享集體農場，待後文詳細介紹）。然而，在兩個極端之間，怎樣做才算分權化，就是個有趣的問題了。

可以將決策權層垂直下放給較低階層，也可以水平分散給非管理人員（無論是分析人員、支援幕僚或基層作業人員）。權力可以部分或全面下放，例如只下放人事決策權，或是將涉及單位的多數決策權都下放給經理人。

記住這些，我們就可以考慮各種版本的分權化。剛剛敘述的通用汽車公司分權化是垂直且全面的，但似乎僅限於這五個事業單位的經理人。當幕僚分析人員對控管其他人的支出預算有決策權時，這可以被稱為橫向、選擇性的分權化，但也是有限的。當基層作業中的專業人員（例如醫院的醫師）掌控影響他們本身的許多決策時，這可以被稱為全面的橫向分權化。

用這些來思考協調機制，「直接督導」是最橫向的集權化，「相互調整」的橫向集權化程度最低，介於這兩者之間的是四種形式的標準化，其橫向集權化程度由高至低依序為「工作標準化」、「產出標準化」、「技能標準化」、「規範標準化」。

上層結構的充實：規畫與控管制度

建立職務，把它們分組成單位，並決定單位的規模與決策權後，還需要對這些骨骼賦予肌肉，並讓這一切一起流動起來，就如同我們身體的神經系統所做的那樣。**規畫與控管制度藉由把各職務與單位的產出標準化來協調；聯絡機制則是透過鼓勵「相互調整」來協調**。

想像你在二〇七七年籌辦締約國會議以應付氣候變遷，要做的事情非常多，因此，你把它們列在一張表單上，成為一組行動計畫：選擇演講人、精心編排活動、安排中場休息時間的飲料點心供應，以及照料遊說者等等。你將組成一或多個單位去執行每項工作，把大量權力下放給它們，讓它們完成工作。但對於每一個單位，你必須建立各種績效控管，例如完成工作的時程表、花費預算等等。

行動計畫詳述意圖目標或產出，說明在何時達成什麼，但沒有敘述如何做；績效控

管評量這些目標是否成功達成。行動計畫基本上是由上而下，是起點，至少理論上是如此（後文會討論到實務），由管理高層制定策略，再將策略解構成特定的專案、計畫、預算、時程表，以及其他作業計畫，並交由其他人去執行。績效控管沿著由下而上的組織階層，評量這些行動的事後結果（儘管這些控管通常是在靠近組織高層，由管理高層屬下的分析幕僚設計的）。

想知道目標如何影響人們的行為，可以觀察一個生動的例子：曲棍球賽中的得分統計表。得分的球員獲得一點，但把橡皮圓盤傳遞給得分者的球員也獲得一點，甚至，把圓盤傳遞給這位傳遞者的那個球員也獲得一點，這些人被稱為助攻，他們的功勞不亞於得分者，想想，這種評量方式有多麼鼓勵團隊合作！相較於此，根據公司股價來決定該公司執行長的酬勞，這向所有組織成員發出什麼訊息？是不是鼓勵以自我為中心？

上層結構的充實：橫向聯繫

截至目前，本書討論的所有設計元素還不能構成完善的結構設計，因為**組織中很多重要的事務需要靠較不制式的橫向聯繫，以鼓勵跨穀倉及跨樓板的「相互調整」**。近年來，也出現愈來愈多應用這類概念的職務與機制。

最簡單的是聯絡性質的職務（liaison positions），是介於兩個單位之間，並且連結它們。一個採購工程師可以把工程和採購連結起來，以降低元件成本。這類職務沒有制式的職權，只肩負設法使兩邊合作的職責。

整合經理（integrating managers）則是更進一步的機制，他們有一些制式的職權，例如向單位提供資源的控管權。一個消費性產品公司的品牌經理負責一項特定產品，他（她）可以使用預算控管權來和工程部門協商產品的設計，和製造部門協商產品的生產。

會議、常務委員會、團隊及任務小組／專案組等機制也有助於促進「相互調整」。大家都知道，會議就是把人們召集在一起，討論共同課題，交流資訊，可能還做出共同決策。試想，為了籌辦二〇七七年締約國會議以應付氣候變遷，需要召開多少這類會議。許多會議是即興而開，將人們臨時湊在一起，討論各自的想法；其他會議則是非例行性會議（只有這一次），或是例行性會議（定期舉行），可能有指定的成員，變成常務委員會，這是制式結構的一部分。例如，二〇七七年締約國會議的常務委員會，可能在每週二早上九點召集主要目的是處理活動各個層面的各團隊代表開會。

一個組織的董事會實際上就是一個常務委員會，定期開會檢視這個組織的整體績效。

就連一支曲棍球隊的球員在中場休息時間於更衣室開會，檢討截至目前的比賽情況時，也可被視為構成一個常務委員會。

當然，現在有許多會議是在網路上召開的，這看起來似乎較不正式，但其協調功效可能不亞於一場音樂會，只是指揮者不是使用一根指揮棒，而是使用一個靜音按鍵。此外，在Zoom上頭，人們不會在咖啡機旁相遇，那要按下什麼鍵，才能產生這種機緣呢？要點擊什麼，才能產生自發性呢？這項奇妙的技術可能會重創「相互調整」的協調機制。

一支團隊或一個任務小組暫時性的把一群人組合起來，以執行及達成某個特定專案（例如發展一項產品，或改組一個組織），專案結束後，小組解散，成員返回各自原屬的單位。大學裡的一支研究團隊可能由來自地理學、地質學及地球物理學領域的教授組成，目的是檢驗一個新理論。

當然，一支團隊也可能引進來自組織外的成員，例如在上述例子中，有一位來自一家礦業公司的地質學家。團隊甚至可能是由來自各種組織的人組成的，這常見於電影的拍攝製作，大量使用獨立的自由接案者。一個合資企業（joint venture）把來自兩個以上的組織人員匯集起來，形成夥伴關係，例如一起發展一款新型飛機。（第二十章將討論「組織外展」，這是近年出現的一種傾向，藉由外展及其他方式，打破傳統的組織邊界。）

矩陣結構

前文提到，組織可以結合不同的分組方式，就像架構營火那樣，先以一種方式架木頭，再以另一種方式架木頭，這是因為單一一種分組方式無法提供組織需要的所有協調。除此之外，直線與幕僚結構（line and staff structure），以及剛剛討論的橫向聯繫，也能提供組織需要的協調。但是，組織也可能需要別種結構來促進協作，尤其是跨穀倉的協作，這種情況下，組織就會訴諸矩陣結構（matrix structure）。為了鼓勵協作，矩陣結構違反名為「指揮權統一」（unity of command）的神聖管理原則，這意指所有人必須隸屬單一一個上司管轄。在矩陣結構中，人們隸屬兩個以上的上司管轄，這麼一來，就是為了協作而增加權力的模糊性。

矩陣結構可能是長久內建於組織的上層結構裡，也可能是為了執行某個專案而暫時建立的。上面提到的採購工程師就屬於前者的例子，他們可能同時向採購部經理和工程部經理負責，幫助消除這兩個單位之間的鴻溝。同理，一支地區銷售團隊可能既向銷售副總負責，也向地區副總負責。組織為了維持權力平衡而接受矩陣結構帶來的模糊性。至於暫時性矩陣結構的例子，例如設計師、工程師及行銷人員組成一支團隊，一起合作發展一項新產品的專案，他們每一個人既隸屬專案經理管轄，也隸屬他們本身原屬功能單位的經理管轄。

這種矩陣結構比你想像得更為普遍，只不過可能不是使用這個名稱罷了。畢竟，**我們絕大多數人生長在一個名為「家庭」的矩陣結構中，權力的模糊性是家庭生活的現實，那麼，在我們的組織，這又有何不可呢？**透過平等地位的非制式協商來化解衝突，而不是必須仰賴「上司」高於「下屬」的制式權力，我覺得是滿成熟的做法！

總結而言，所有這些橫向聯繫可被視為一個光譜，一端是純粹的功能部門結構（根據手段來分組），另一端是純粹的市場結構（根據目的來分組），包括聯絡性質職務、整合經理人、會議、任務小組及常設委員會則落在這兩者之間，矩陣結構位於中間位置。[4]把所有這些匯總起來，你就能明白何以近年間增生這麼多「經理」頭銜的人了。

第六章

在背景脈絡中設計

在我的前著《卓有成效的組織》中，我曾將種種左右組織設計將採用何種形式的元素，稱為「權變因素」（contingency factors）或「情境因素」（situational factors）。[1]這些因素包括：組織的年齡與規模、組織在其作業中使用的技術系統、外部環境複雜程度、變動程度與敵對狀態，以及滲透組織的勢力關係。接下來，我們分別來說明這些因素。

年齡與規模

設計一個組織的結構時，這個組織的年齡與規模具有重要影響性。

- **組織的年齡愈大，它的行為愈制式化：**伴隨一個組織的年齡增長，它傾向重複行為模式，因此，它的行為變得更可預測，也更容易制式化。
- **組織的規模愈大，它的行為愈制式化：**就如同年齡較大的組織把它之前看到的東西制式化，規模愈大的組織也把它經常看到的東西制式化。「聽著，我今天已經聽到這個敘述五次了，你就按照這個敘述，把它填入表格中。」
- **組織的規模愈大，它的結構愈精細；亦即，它的職務與單位更專業化，它的行政愈成熟：**規模愈大，就愈專業化；只有規模較大的理髮店，才可能有專門為小孩剪髮的理髮師。職務的專業化程度愈高，單位的差異化愈大，組織階層劃分得愈精細。在一個小型理髮店，迎接你、為你剪髮、向你收錢、對你揮手告別的，都是理髮師；在較大的理髮店，這些事可能由不同的人做。
- **組織結構反映產業年齡：**這是一個奇怪的發現，但我們將在後文看到，這個論點相當站得住腳。不論一個組織本身的年齡如何，它的結構反映它所屬產業的年齡。換言之，就算是一個產業中的新組織，結構也可能大致像年齡較大的組織。如同後文所述，已經有些歷史的產業，例如銀行業及旅館業，傾向仰賴相當制式化的組織結構。相較之下，新近的高科技產業傾向仰賴更寬鬆、更非機械式的組織結構。

技術系統

技術系統（technical system）是指組織在產出作業中所使用的方法。這與所謂的技術（technology）有所區別，技術是指可用於設計這類系統的知識體系。舉例來說，規模化生產是一種技術系統，而資訊科學則是一種技術。

- **技術系統控管作業人員的工作程度愈高，不僅操作性工作會愈制式化，組織的行政結構也會愈制式化**。與電影公司相比，汽車公司總部的組織結構化程度更高，原因在於：電影公司操作人員擁有更高的自主性，所以組織結構相對來說較鬆散；而汽車公司操作人員受到相當程度的控制，這種控制會從作業領域外溢至管理領域（參見第十七章有關「汙染」的討論）。
- **技術系統愈複雜，支援幕僚的分工愈精細、專業性愈高，而且影響力愈大**。使用複雜機器的組織，需要專門的支援幕僚來進行設計、挑選、維修及修改。
- **隨著核心操作性工作實現自動化，將從官僚式行政結構轉變為有機式結構**。在這裡，我們再次提出一個有趣的現象：當組織不斷提升結構化程度，最終實現基層作業自動化後，組織的結構反而會趨於鬆散。機器設備完全服從，不需要用技術官僚訂定標準來加以控制，因此扮演「人力機器維護員」（這是借用哈利・布瑞弗曼〔Harry Braveman〕對人力資源人員的描述）的分析人員會遭到淘汰。[2] 取而代之的是支援性質專門人員，他們會採取更為彈性的小組工作形式，處理真正的機器問題。在傳統生產線上充斥著執行枯燥乏味工作的作業人員；在完全自動化的生產線上，則是由執行有趣工作的專業人員監視機器作業。

環境

環境指的是一個組織的周遭情況。

- 一**個組織所處的環境變動程度愈高，愈傾向有機式結構**：處於穩定環境下的組織成員，往往知道能預期什麼，這種組織可以倚賴標準化來協調。但當外部環境變得動態多變時例如出現意料之外的競爭、經濟陷入不景氣等等，組織就必須更加靈活，透過使用「直接督導」及「相互調整」來協調。承平時期，陸軍可以行軍前進，但在打游擊戰時，這可就行不通了。

- **一個組織所處的環境愈複雜，它的結構就愈分權化：**當一個組織在一個地方就能取得及了解做決策所需要的大部分資訊時，這個組織就比較集權化。但是，當做決策所需要的資訊散布於各處，且資訊相當複雜時，權力就必須分散至有知識去應付它的人手上。請注意，單純的環境也可能動態多變（例如，衣服製造公司所處的環境較單純，但它可能無法預測從這段期間到下段期間的流行風格）；反之，複雜的環境有可能是穩定的，例如，心臟手術使用複雜器材，但手術流程通常是相當可預測的。

勢力

勢力也是左右組織設計的一個因素。

- **一個組織受到的外部控制愈大，它的結構愈集權化與制式化：**這個重要論點的含義是，能夠對一個組織施以相當影響力的外部利害關係人，往往把這個組織形塑成一個科層結構，這是因為他們施展影響力的方式，往往是對這個組織施加大量的績效指標，並要求這個組織的中央管理階層對達成這些績效目標負責。[3]股市分析師聚焦於推升公司的股價，一些政府對它們資助的學校施加大量評量，這使得這些組織更容易由外部控管，而不管這些外部控管可能對組織內部造成多大傷害（後文有更多討論）。此外，受到外部控管的組織，領導者必須對組織採取的行動特別審慎，因而可能傾向在組織內增加種種規定，以避免員工的行動招惹麻煩。

- **一個組織的外部利害關係人勢力分歧時，可能滋生組織內部的衝突**：換言之，外部勢力的分歧往往會反應在組織內部，因為每個外部勢力都有各自的內部支持者。舉例而言，一些專家認為，監獄的存在目的應該是改造囚犯，但當地社區居民可能更關心監禁囚犯是否確保，兩方陣營可能各自遊說監獄管理者支持己方的關切，這可能挑起監獄管理層的分歧與衝突。
- **流行也可能左右組織的結構**：理想上，組織應該根據其年齡、規模、技術系統及所處環境來選擇設計元素，但實際上，許多組織受到當前流行的組織結構所影響，儘管這些流行的結構可能不適合它們。巴黎有高級訂製服沙龍，紐約有「高級組織結構」（haute structure）的顧問公司，向客戶推銷當前正「夯」的組織設計方法。你可曾見過任何一份商業雜誌上報導或推薦最新組織設計方法時，會加上「警告：不能用於醫院！」之類的警語？同理，雖然在每個國家可以見到各種組織結構，但國家文化可能造成該國的組織傾向採用特定的組織結構，例如，瑞士的組織可能更制式化，而義大利的組織較不那麼制式化。

探討完建構組織所需要的部件後，本書第二部在此畫下句點。這些分析是接下來探討綜合工作的必要步驟。

第三部

組織的四種基本類型

現在，來到把童謠中跌得粉碎的蛋形矮胖子（Humpty Dumpty）*拼湊回去的時候了（如果你喜歡，也可以用「組合成一頭完整的牛」來形容）。在把組織徹底分解成一個個部件之後，現在，我們要將這些部件重新建構成完整的整體。

既然沒有一個最佳的組織方式，那麼究竟可以有多少種組織方式呢？我們在第三部會先探討四種，之後在第五部會擴增為七種，最後得出最終的答案：必須視情況而定，我們能想像到多少種組織，就有多少種。眼前我們暫且遵循紐約洋基隊捕手尤吉·貝拉（Yogi Berra）的一個洞見，當被問到披薩要切成四片或六片時，他的絕妙回答是：「最好切成四片，我不認為我吃得完六片。」所以囉，為了讓你方便消化，此處先介紹四種組織類型。

有時候，我們必須誇張描述現實，或是把現實典型化，以凸顯其差異性，幫助我們更加了解它。有限數量的類型能幫助我們更加了解組織，以及不同組織類型之間的差別。第三部要介紹由第二部討論的組織部件所建構的四種組織類型，分別為：一人作主型（personal）、設定型（programmed）、專業型（professional）、專案型（project）。本書為其命名的正式名稱則是：一人作主企業（personal enterprise，第七章）、內建設定的機器（programmed machine，第八章）、專業人員組合體（professional assembly，第九章）、專

四種組織類型

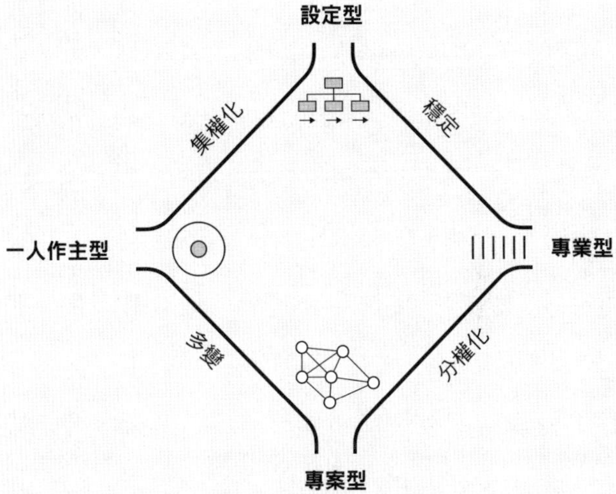

案拓荒者（project pioneer，第十章），如上方這個菱形圖所示。

以餐廳為例，從街角餐館、連鎖速食店、高級餐廳到提供宴會服務的公司，同樣都是餐飲服務，卻有四種截然不同的供應方式。第一種完全以一人為核心（也就是餐館老闆）；第二種遵循事先設定好的服務及流程；第三種仰賴廚師的專業技能；第四種則提供客製化專案服務。如果以自然界來比喻，一人作主型組織就像是由一隻猴王為首的猴群；機器型組織就像一隊固定編隊飛行

＊編注：出自《鵝媽媽童謠》（*Mother Goose*），內容是一個蛋形的矮胖子坐在牆上，不慎摔落而跌個粉碎，即使國王召來全國兵馬，也無法將他重新拼湊起來。

的大雁；專業型組織就像各自忙碌於所負責工作的一群螞蟻；專案型組織就像一個築壩的河狸家族。

這些類型被稱為「理想型」（ideal types），但或許應該說是純粹型，因為它們當中沒有一個是理想的類型。請特別注意一點：這些類型無法完全反應現實情況，而是為了幫助理解而加以簡化的版本（即便你可能會發現，它們比你所預期的還要接近現實情況）。關於這個問題，將留待第六部中詳加討論。

第七章
類型I：一人作主企業

如果想率領田徑隊在跳高比賽中獲勝，你應該找一個能跳過七英尺高度的人，而非找七個能分別跳過一英尺高度的人。

——弗雷德里克．特曼（Frederick Terman）的創新法則

特曼的創新法則是正確的，不過若是用在接力賽跑，那就不正確了。**在「一人作主企業」裡，一切焦點集中在負責人或最高領導者的身上**。在一間由創辦人經營的企業或社會企業、一個需要集中管理才能順利創建的新政府部門、一家陷入經營危機的醫院之中，都需要有人位居樞紐中心全權負責，直接督導各項事務的推展。

下面我們將各舉一種團隊運動，來說明四種組織類型。首先讓我們想一想：你認為哪

種團隊運動最符合「一人作主企業」的組織特徵（組織中有某個人享有極大影響力）？在繼續讀下去之前，請先試著想出一個答案。

相較於其他三種組織類型，要回答哪種團隊運動最符合「一人作主企業」的組織特徵似乎不太容易。不過一旦想出來，就會覺得答案其實顯而易見。我想到的答案是世界盃帆船賽，這是由一個人產生想法、形成願景、與船體設計師合作、招募船員，並在比賽中擔任船長。這並不是說其他船員不重要，而是所有人必須圍繞著船長，以船長為核心共同努力。

「一人作主企業」的基本結構

「一人作主企業」的結構特徵是不複雜，而具有排斥結構化的傾向。在本書先前的版本中，我稱它為「簡單

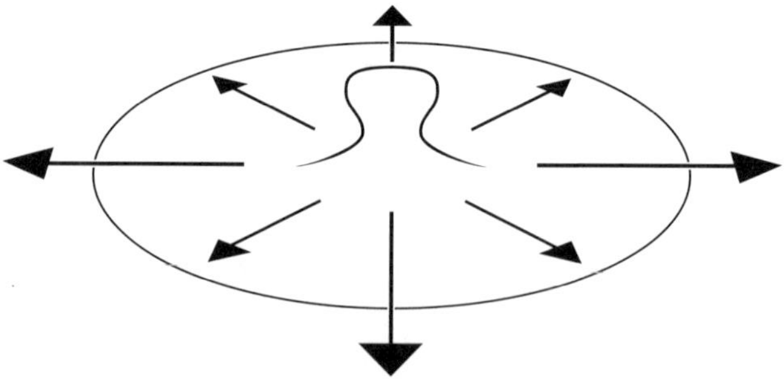

「一人作主企業」示意圖

結構」（simple structure）。這種組織類型有寬鬆的分工，沒什麼分析幕僚，這意味它避免使用標準化機制以及系統性的規畫與控制，因為這些會威脅到組織的單一威權。

同樣的，這種組織的管理階層較少，領導者往往擁有寬廣的控制幅度（這個詞彙用在這裡確實很貼切）。在小型的「一人作主企業」裡，所有人直接向最高領導者報告的情況並不罕見，所以我之前將這種組織描繪為一個扁平的標誌。更極端的說，這樣的企業甚至連張組織圖都沒有，畢竟大家都知道老闆是誰，何必要多此一舉呢？我的一組學生在對一家小型幫浦製造商的研究報告中寫道：「公司總裁在和工廠技工閒聊的畫面並不罕見。所以當機械發生故障時，總裁能夠比工廠督導員還要更早獲知消息。」就連一些規模龐大的企業也是如此，以巨大的蘋果公司為例：

賈伯斯並未將公司組織成許多半自主的事業單位，而是嚴密控管他的所有團隊，促使他們以統一且彈性的模式運作，所以全公司只會有一個損益結果。後來，接替賈伯斯成為執行長的提姆．庫克（Tim Cook）表示：「我們沒有事業單位各自的損益表。我們只有一張損益表。」[1]

在這樣的運作方式下，「一人作主企業」較不容易出現衝突。如果有內部人員膽敢挑戰敏感易怒的領導者，他多半待不了多久；如果有外部人士（例如一個有力的客戶）意圖施加影響力，組織領導者往往會做出反擊，甚至帶領組織轉向更不容易受到影響的利基市場。

這類組織在做決策和制定策略時，往往是以領導者為中心，因此能夠快速做出反應（若領導者傾向快速反應的話）。因此，這類組織裡的人員通常採藝術導向多過科學導向，他們在這些流程中訴諸大量的直覺與機會主義，尤其特別重視「看到」以掌握機會，因而常會使用「洞察」、「遠見」之類的詞彙。**「一人作主企業」的策略往往反映出領導者的世界觀，有時甚至根本是領導者自身性格的延伸。**

「一人作主企業」的環境與種類

如果你想尋找一人作主型組織，請別在歷史悠久的航太機構或郵政系統中尋找，因為除非組織正陷入危機，否則那些組織不會採用簡單結構和中央集權。相反的，你可以在零售業找到很多案例，例如一個領導者可以管控許多性質相同的連鎖店，因為實際上就是將一間商店複製多次。與其他一人作主型組織所處的環境一樣，零售業面臨的環境可能很單純，但也可能變化很快速，畢竟由一人發號施令才能快速做出應變。

新的組織（也就是所謂「新創事業」）通常會採用這種組織類型，因為創業者必須一個人推動一切事務，例如：招募人員、建立設備、塑造文化、確定公司發展速度等等。因此，新創公司行號是典型的「一人作主企業」，領導者往往是一位意志堅定的創辦人，而且很可能同時是這間公司的擁有者。

然而，一人作主型組織不僅限於傳統商業領域，政府機構成立的新創事業、非政府組織和各種社會企業（指非投資人擁有的企業，有時稱為非營利機構）也有著相同需求。這種個人化領導方式對新創情境深具吸引力，因為它們往往渴望避開官僚體制的繁文縟節。

一旦建立起一人作主型組織，**只要創辦人仍然大權在握，組織有可能一直保持這種型態，尤其是在組織規模尚小的階段**，透過「直接監督」就足以完成協調。大型組織通常偏好另一種不同的組織型態（參見第八章），但也有許多企業或社會企業即使已經發展出相當大的規模，每個人依舊繼續尋求創辦人的指導，使得其他協調機制難以發揮。有迪士尼（Disney）員工告訴我，即使創辦人已經離世很久，他們在做決策時仍然會問：「如果華特（Walt）先生還在世，他會怎麼做？」

危機是容易造就「一人作主企業」的另一種情況，畢竟在需要做出快速且統一的反應時，有哪種組織能夠比一人發號施令的組織更理想呢？也就是說，**當一個組織處於困境之中，往往會透過所謂的徹底改變（turnaround），回復到簡單結構來拯救自己**。這時，組織會中止既有運作方式，由一個人組成團隊，來全權負責清除沉痾、重建文化、調整策略焦點。有時這個人會是已經退休的創業者，就像多年前的蘋果、戴爾（Dell）、星巴克（Starbucks）等公司發生的情形，畢竟有些創辦人的創業精神是後繼者或他人所難以企及的。

「一人作主企業」的利與弊

在四種基本的組織類型中，各自有著顯著的優點與缺點，有時候，優缺點是基於相同的理由。**沒有哪種組織，能比一個懷抱願景創辦人所領導的組織更機動、更迷人、更生氣勃勃**。「一人作主企業」能夠展現強大領導力，堅定追求一種獨特策略，將自己推進一個受到保護的利基市場，難怪許多人渴望加入它們的行列。

創業家往往能從細節中建構宏大藍圖。正如松下電器創辦人松下幸之助所言：「大事和小事都是我的工作，介於兩者之間的事可以委託給別人。」知名傳記作家華特．艾薩克森（Walter Isaacson）在《賈伯斯傳》（*Steve Jobs*）中寫道：「有些領導者擅長把握整體情勢來推動創新，另一些領導者則藉由掌握細節來推動創新，而賈伯斯則是兩者兼具且堅持不懈，這使得他能夠在三十年間，推出一系列足以改變整個產業的產品。」[2]

然而，這個優點同時也拖累許多「一人作主企業」。**有些領導者太沉浸於細節，以至於未能看見大局**，例如亨利．福特（Henry Ford）說：「我的顧客可以選擇任何顏色的車子，只要是黑色就行。」結果，最終迎來福特汽車的黑暗時代。**有些領導者則是太沉浸於偉大願景，忽視維繫偉大願景所需的細節**，例如在蘋果公司創立之初，賈伯斯獨重產品而漠視行銷，艾薩克森寫道：「在他優異的專注能力的背後，往往也會過濾掉一切他不想處理的事情。」[3] **此外，「一人作主企業」太依賴一個人，一旦失去此人，整個組織可能因而崩潰**。用一個更生動的比喻來形容，就像一次心臟病發就足以徹底摧毀組織的主要協調機制；即使創辦人仍然掌權，然而一旦他對經營失去興趣，組織也可能迅速衰退。

此外，成功的同時，也可能以其他方式帶來失敗。許多「一人作主企業」因擴張速度超出市場或財務負荷而崩潰，這或許可以歸因於錯估情勢，但更可能的原因是，創業者根本沒有詳加評估或過度自我膨脹。在獲得巨大成功之後，創業者可能認為自己無人能敵，把組織的成功歸因於自己具有某些神奇的天賦，而不是歸因於自己深度投入事業發展的努力。

即使「一人作主企業」成功擴張，為了避免組織原本的敏捷轉變為僵化，組織結構勢必需要有所改變，但有些創辦人可能不願接受這種改變。不只如此，接班問題也是一大挑戰，如果創業者一直以如此強烈的個人風格管理組織，那麼要如何挑選接班人？找得到相同風格的管理者嗎？比較可能的發展通常是，組織得要轉變為另一種結構類型。（關於失敗的接班人，請參考下文專欄。）

五顆子彈的俄羅斯輪盤

有件事令人驚訝！許多聰明睿智的創業者有意讓兒子擔任接班人，彷彿男性後代一定能夠繼承他們的才能。問題是，這些創業者本身是否從父親身上繼承到這些才能呢？一些證據顯示，許多創業者出身於母強父弱的家庭，讓他們成為有能力掌控局勢的人。[4]這麼說來，這些創業者的兒子反而是在恰好相反的家庭環境下成長的。

我在一個有很多活躍企業家的社區成長，我發現其中許多家族企業創業者會交棒給兒子經營，然而這些企業卻很少能夠生存下來。長期觀察下來，我得出一個結論：讓兒子接班就像是在玩俄羅斯輪盤，而且是槍膛中裝有五顆子彈的那種。

我們偶爾也會聽到有女婿成為創辦人的優異接班人，例如馬莎百貨公司（Marks & Spencer）和龐巴迪公司（Bombardier）。這是因為女兒嫁給一個酷似父親的人嗎？既然創業者的子女生長於父強母弱的家庭，女兒會不會是更理想的接班人選？女性會不會反倒是理想接班人的選項？如果是這樣，隨著女性企業家的崛起，也許未來她們的兒子可以捲土重來！

許多人喜歡在「一人作主企業」中工作，他們喜歡緊密且非制式的關係，喜歡新事物所帶來的興奮感，喜歡創辦人散發出的魅力。但也有很多人不喜歡這種組織，覺得自己像是頭被牽到市場的牛，完全是為滿足他人利益而存在。隨著組織民主化浪潮的洗禮，「一人作主企業」已經不再像過去那樣光彩奪目，對於新進入職場的年輕人而言尤其如此。在其中許多人眼中，「一人作主企業」看起來充滿家長式管理，甚至可以說是獨裁體制。

不幸的是，在本書撰寫之際，我們發現一人作主型組織正在另一個領域中快速崛起，那就是獨裁政府。有些是發動政變而產生的獨裁統治者，有些則是因為勝選而充滿權力傲慢的民粹主義者。

難道一人作主型組織已經不合時宜了嗎？就民粹主義領導者而言確實如此，我們希望別再出現獨裁政府；但在其他領域中，這種組織類型絕非不合時宜。只需看看有那麼多讓人感到興奮的新創企業在意想不到之處嶄露頭角，有那麼多年輕人熱衷於嘗試創造新的事物。**不論在社會或商業領域，一人作主型組織是維繫這個組織世界健康發展的支柱之一，過去如此，現在如此，未來也將是如此**。因此，我們必須繼續重視這種組織，不僅為了創建新企業和徹底改變現有企業，也為了管理許多簡單的組織，尤其是小型組織。

第八章

類型II：內建設定的機器

在汽車業，不確定性是最大的敵人。

——通用汽車公司執行長湯瑪斯·墨菲（Thomas Murphy）[1]

在這一章，我們來談談與前一章完全不同的組織類型，也就是從最簡單的組織結構，轉向最精細但不是最複雜的組織結構。在我的前著中，我運用下頁這個代表性標誌，來描述「內建設定的機器」這種組織類型，原因正如第二章所述，它描繪出傳統的組織階層觀點。

機器型組織喜歡階層、指令、控管、制度，尤其喜歡規則、規則和更多規則。任何你能想到的東西，全都已經被設定好，有時甚至連顧客也無法倖免。（舉例來說，你最近在速食店用完餐時，有沒有乖乖的把桌面收拾乾淨，拎著餐盤到餐盤回收處？）這一切都是為了讓組織能夠像機器般順暢運作，所以那位通用汽車公司（General Motors，簡稱GM）執行長才會說：「不確定性是最大的敵人。」（不過如果你向創業者說這句話，他們多半會表示不以為然。因為對他們來說，不確定性可能是最好的朋友，畢竟那是「一人作主企業」能夠打敗「內建設定的機器」的關鍵所在。）

沒有任何運動像美式足球那樣，分工如此明確、程式化程度如此徹底，各種規則或標準明訂誰可以持球、接球及踢球，從球場上的陣型到場邊的啦啦

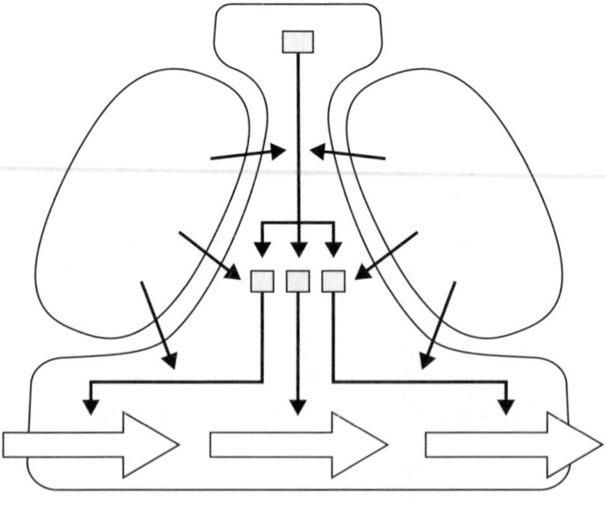

「內建設定的機器」示意圖

隊，所有人都井然有序的排列（相信我，這絕對跟帆船賽完全不同，至於曲棍球賽就更不用說了）。甚至，美式足球隊已經內建清晰的階級制度：由四分衛用代號下達戰術指示（可能是教練透過無線電告訴他），所有球員立即做出相應行動。這種運動，簡直就是依照泰勒的科學管理原則所量身打造！

「內建設定的機器」的基本結構

每一台機器有組成的部件，每一個部件也都各司其職，為精心設計的整體做它該做的事（或是看看這個職稱：行政祕書的行政助理（Administrative Assistant to the Assistant Secretary for Administration）。誠如歷史學家尤瓦爾・哈拉瑞（Yuval Noah Harari）在《人類大歷史》（*Sapiens*）中所言：「在科層體制中，一切事物必須保持明確的區分。這個抽屜放的是有關採購的東西，另一個抽屜是關於製造，第三個抽屜是關於銷售，否則你要怎麼順利找到東西呢？至於可以同時歸屬於超過一個抽屜的東西……就非常傷腦筋了。」[2]

機器型組織的運作核心，是將工作規畫得盡可能簡單、專門、可重複，只需花費最少時間就能完成訓練——往往是幾個小時，甚至可能是幾分鐘（美式足球是個例外，後文會再談到這點）。**這些工作之間的協調，是藉由「工作標準化」並佐以「產出標準化」來達成**（像是「十七秒後將漢堡肉餅翻面」），這種組織運作方式使得底層管理者能夠督導大量工作者。以下是關於「內建設定的機器」的典型描述：

> 所有作業都是按照預先確定的計畫來執行……指示詳盡且明確，並根據任務及專長來進行高度分工。下屬的表現被密切且有效率的監督。[3]

上面這段文字談論的是關於古美索不達米亞（Mesopotamia）的神廟組織結構，可見機器型組織已經存在非常悠久的時間！

如果說「一人作主企業」運作得像個圍繞著創辦人的樞紐，那麼「**內建設定的機器**」**通常運作得像一條鎖鏈**，如同前面示意圖那樣**環環相扣**。底層是橫向的工作鏈，依序從一個鏈環進入一個鏈環（例如汽車組裝線）。在此之上則是垂直的指揮鏈，經理人層層往上堆疊，一個鏈環上方還有一個鏈環。

直線階層的左邊，有時被稱為技術官僚的分析人員，負責設計和控制機器齒輪的運作方式，他們常見的頭銜包括工作研究分析師、生產排程員、規畫師、預算編製員、會計人員等。因此，**在機器型組織中，我們能夠看到三種明顯的分工：負責執行的作業人員、負責管理的經理人，以及負責設計的分析人員，而分析人員扮演的角色尤其重要。**雖然單位經理人被委以正式權力，但分析人員握有足以左右其他所有人行為的非正式權力，這裡所謂「其他所有人」自然包括單位經理人，所以他們也必須遵守分析人員設計的規則，例如下面這個例子：

當我擔任這家大公司的總裁時，我們住在俄亥俄州的一個小鎮上，那裡是公司主要工廠的所在地。公司明訂你可以和誰、什麼層級的人社交。（他的太太在一旁插話：而且明訂妳能和哪些人的太太玩橋牌。）在這樣的小鎮中，公司不需要對你進行監督，因為不論你做了什麼，人人都會知道。這是一套非常明確的規則。[4]

所以就本質上來看，機器型組織是選擇性的分權化，名義上將權力下放給單位經理人，實質上則是將權力下放給分析人員，因而導致經理人和分析人員之間的政治糾葛。

示意圖的右邊是幫助維持機器順暢運作的支援幕僚，從員工餐廳工作人員到處理訴訟的法律顧問（有些組織可能有很多訴訟案），他們為數眾多，權力卻不大。**支援幕僚之所**

以不斷增生，部分原因在於機器型組織對於控制的執著。許多的支援性服務可以委由外部供應商提供，但這會使組織面臨市場不確定性，因此他們傾向自製而非購買，也就是盡可能將更多支援服務納入公司內部。（近年出現向外購買支援服務的相反傾向，將於第二十章討論）。

「內建設定的機器」的環境與種類

「內建設定的機器」在單純且穩定的環境中具有高度競爭力。然而在複雜的環境中，工作無法被理性的簡單化，因為在動態多變的環境中，工作無法被預測、規畫為可重複性和標準化的內容。因此，別嘗試在廣告公司或電影公司裡尋找這種組織類型，但你可以觀察零售業及販售快速消費品（例如筆、牙膏）的企業，亦即提供大量生產和大量服務型公司，尤其是那些訴諸「成本領先」（cost leadership）策略[5]，亦即採取低價策略的公司。

此外，這種形式的組織結構常存在於成熟的組織。所謂「成熟」，是指企業規模夠大到有大量操作性工作必須重複及標準化，企業年齡夠大到已經確立它們想使用的標準。這類組織身經百戰，因而建立起程序來因應各種狀況。所以，我們常看見許多「一人作主企業」當年齡增長，而且規模成長到超出其創辦人所能控管時，就會轉變為機器型組織，至少，一直在單純環境中經營者往往會做出這種組織結構轉型的決策。雖然，這種「一人作主企業」可能在多變的環境中保持競爭力（不確定性是這類組織的最佳朋友），然而當它們轉變為機器型組織後，為了維持它本身的設定，便會盡己所能的使環境穩定，例如和供應商簽訂長期合約，或是和競爭者建立不當聯合行為（cartels）。

從事控管性質業務的組織也會傾向採用機器型的組織結構，例如：必須保護人們財產的銀行、必須囚禁囚犯的監獄、必須安全讓乘客抵達目的地的航空公司。有個笑話是這樣的：「航空公司很快就會採用一種新型態的機組人員配置：一位機師，搭配一隻狗；機師的工作是餵狗，狗的工作是若機師碰觸任何東西，就咬他。」[6]

外部控管是另一種驅使組織採用機器型組織的情況，因為如同第六章所述，在外部利害關係人施加控管力量之下，組織往往會採取行動，把它們的實務工作集權化及制式化。當業主想要保持對企業的掌控、但又不想直接管理時，便會任命一位執行長肩負達成績效標準的責任，由這位執行長轉而對旗下管理階層發布計畫與目標，以達成績效標準。讓一家公司公開上市也有相同的效果，股市分析師會期望公司獲利持續成長；同理，政府部門也會驅向機器型結構，因為政治人物和高階公務員不喜歡意外情況，因此傾向鼓勵制定規則，以免發生意外情況。

然而，雖然某些「內建設定的機器」可能成為外部利害關係人的控管工具，但一般來說，機器型組織多屬封閉系統，試圖將外部影響降至最低。當然，沒有組織能夠完全封閉，但有些機器型組織確實相當封閉，例如在市場上擁有壟斷地位的企業。就這方面來說，別忘了二十世紀的共產主義政權，它們就是以龐大、封閉的「內建設定的機器」結構進行運作。（諷刺的是，冷戰促使東歐共產主義政體與全球化世界的資本主義企業彼此對立，但從結構上來看，它們有那麼大的差別嗎？正如擁有豐富產學界資歷兼作家詹姆斯・沃西（James Worthy）在一九九五年出版的著作中所言：「徹底應用科學管理的國家不是美國，而是蘇聯。」[7]

有趣的是，「內建設定的機器」從成為外部利害關係人的控管工具轉變為內部封閉體系相當容易，因為根本不需要改變組織結構。在制式權力高度集中在階層結構的頂端，只需引進一位新任的執行長，就可以讓組織繼續運作下去。（在「一人作主企業」中引進一位新任執行長，則一切都可能面臨改變。）別以為這僅限於商界，許多像機器型組織一樣的非政府組織，甚至是當執政者改由另一個政黨所掌管時，政府依然可以繼續運作下去，也許只是換上新的議程，但整個組織如常運作。

「內建設定的機器」的利與弊

你不會希望你在亞馬遜網站訂購的東西被送到隔壁鄰居家，也不希望旅館提供的早上八點叫醒服務，到了八點零五分才響起，就像你不希望美式足球隊對手哨鋒接住四分衛傳的球。畢竟，一切都是有規則的。當必須以精準、可預測、一貫性執行一整組簡單的工作時（而且執行這些工作的是活生生的人類，而不是無生命的機器），「內建設定的機器」這種組織結構最為理想。

然而基於相同的理由，這種組織結構有時也令人難以忍受。因為，你大可把人們當成機器部件看待，但他們絕對不是機器部件；他們當然也不是具有經濟價值的「東西」——把員工當成「人力資源」，就如同把一頭牛當成一塊沙朗牛排。（請聽聽員工的心聲：「謝謝你，我不是一個人力資源，也不是一件人力資產或人力資本，我是人！」）

科層制的好與壞

如前文所述，一提起「科層制」（bureaucracy），人們總會馬上聯想到機器型組織。這個詞彙是因為德國社會學家馬克斯・韋伯（Max Weber）在二十世紀初使用而開始普及，當時它被當成一個中性術語，用來描述我們在本章中討論的組織。事實上，韋伯還使用「機器」（machine）一詞形容科層制的精確與速度，他說：「成熟的科層制和其他組織相比，就如同機器生產與非機器生產之間的差異。」[8]

但「科層制」一詞同時也具有貶義，就像是組織世界中一心想要控制別人的壞傢伙：公司高層控制中階經理人，中階經理人控制基層員工，基層員工控制顧客，分析人員控制以上所有人。[9] 一家英國企業的策略長曾這麼說：「透過控制流程，我們可以阻止經理人愛上他們所經營的業務。」難道說他們應該討厭自己的業務？法國社會學家米歇爾．克羅齊爾（Michel Crozier）在研究兩個法國的科層制政府機構後，得到以下著名結論：在這些組織中，人人大致上都被平等對待，因為每個人都同樣被大量規定所控制。[10]（還有許多學者和克羅齊爾一樣，研究機器型組織成效不彰的現象，而在管理學界展露頭角，例如艾爾頓．梅奧〔Elton Mayo〕、弗里茨．羅斯里士柏格〔Fritz Roethlisberger〕、克里斯．阿吉里斯〔Chris Argyris〕、華倫．班尼斯〔Warren Bennis〕、倫西斯．李克特〔Rensis Likert〕、道格拉斯．麥葛瑞格〔Douglas McGregor〕、沃西等）

時至今日，我們依舊用「科層制」一詞來泛指政府，甚至稱呼公務員為「官僚」（bureaucrats），有時還帶點輕蔑含義。當然，並非所有公共部門都是機器型科層制

（machine bureaucracy，參見後文討論），私人部門倒是有不少公司屬於這種類型，去看看《呆伯特》（Dilbert）所描繪的商業科層制就能略知一二。

接下來，我們從科層制組織中的三個階層，觀察這種組織的問題。

基層作業人員的疏離感

泰勒當年總愛說：「過去是人員至上，未來必定是制度至上」。他的預言果然成真。**對許多人來說（尤其是基層工作者），機器型組織並不是個愉快的工作環境**。讓我們回到沃西的說法，他認為泰勒的觀點是在消除現場「所有可能的大腦運作」，也同時消除現場工作者的主動性。他寫道：「機器本身沒有意志，它的部件不會有獨立行動的渴望，必須由外部或上級為它其提供思想、方向、甚至目的」，代價就是「讓工作失去意義」、「對產業及社會造成及大浪費」，最終導致「缺勤率過高、人員流動率攀升、技術水準低落、帶來高昂成本的罷工，甚至出現公然破壞行動」。[11]哇！這可是來自曾經擔任企業高階主管的沃西千真萬確的觀察。

請別忘了，這類評論往往出自研究者之手，他們描述的不是自身工作，而是眾多從事高度機械化工作者的情況。但對熱愛秩序及可預測性的工作者來說，機器型組織或許還不錯。來看看一名超市收銀員對她的工作的描述，下文引自美國作家史塔茲・特克爾（Studs Terkel）撰寫的《工作》（*Working*）一書：

「顧客們將選購好的貨品放到結帳櫃台前的輸送帶上，我用我的臀部抵住按鈕，啟動輸送帶。當我覺得面前已經有夠多的貨品時，我的臀部會離開按鈕，讓輸送帶停止。我只需要不斷重覆這些動作：臀、手、結帳，臀、手、結帳……。」當她移動手部和臀部示範這些動作時，彷彿是位跳著東方舞蹈的舞者。只要一直做相同的動作，一、二、一、二，跟上這樣的節拍，你就是一名快速的收銀員。[12]

衝突往組織階層上竄

機器型組織的基層作業是為了有效率的完成工作而設計，不處理組織成員的疏離感及衝突，因此，**作業基層出現許多跟人有關的問題，會往組織基層上竄至中階管理層，甚至直接進入幾乎不鼓勵使用必要的「相互調整」來處理問題的穀倉體制裡**。其結果通常是引發組織內部更多衝突之火，而非合作之光。

所以，這些衝突以及穀倉創造的其他衝突可能再往組織階層上竄，穿過樓板，直到抵達所有穀倉終於匯集的高層。但是，高高在上的管理階層可能與基層沒有直接接觸，他們能處理基層的問題嗎？

與現場脫節的高層

對機器型組織而言，答案應該已經儲存在一套系統中；更確切的說，就是「管理資訊系統」（Management Information System）。這套系統能夠彙總來自基層的各種數據，並依照組織階層進行適當處理，形成便於忙碌管理者閱讀的報告。

「在印尼的銷售量下滑？告訴那裡的經理人提振銷售量！」可是，為何那邊的銷售量會下滑？或許是因為在愛荷華州設計的產品並不合適印尼的消費者，但管理資訊系統完全沒提到這件事，身為管理者的你必須親自和印尼的顧客交談才能找到答案。可是人在紐約七十七樓辦公室的你，怎麼可能和遠在印尼的顧客互動？當然，印尼的經理人多半知道銷售量下滑的原因，問題是他們要在管理資訊系統裡的何處輸入這個資訊，以提供給美國總部的老闆呢？

誠如克羅齊爾對機器型組織的描述：「決策權往往落在盲點處。」他認為在這類組織中，「當決策必須由對工作現場缺乏直接了解的人制定……他們必須依賴下屬提供資訊，而下屬有可能基於主觀利益而扭曲資訊。」[13]資訊確實可以藉由管理資訊系統傳遞，但它不僅需要彙總必要資訊，還要花時間形成提交給管理階層的報告，而顧客可能早就被更敏捷的競爭者偷走了。

客觀、數據化的「硬性資訊」有助於辨識問題，但還需要主觀、詮釋性的「軟性資訊」來幫助診斷與解決問題。機器型組織往往缺乏軟性資訊，高階主管只能依賴已經試過但不太管用的方法：更嚴格的控制（簡單來說就是火上澆油）。如果他們試著改用「直接督導」，可能被指責是在進行微觀管理：「這裡不是一人作主企業，請尊重階層制度，專注於大局。」

若想描繪大局，必先掌握細節，但從七十七樓辦公室望出去，細節顯得如此模糊。於是，機器型組織描繪出的格局往往很小，可能是對現行策略稍加修正，或是直接模仿其他組織的策略。我們可以將這類組織稱為「地方性生產者」（local producers），它們與產業中其他競爭者採行相同策略。[14]導入產業通行策略確實能有一定效果，所以這種做法才會如此普遍。看看不同國家的電話公司和郵局，還有附近的雜貨店和健身中心，就會發現它們的差別並非如何實行，而是在何處實行。

機器型組織還有一個辦法能夠解決與現場脫節的問題，那就是十分盛行的「策略規畫」（strategic planning）：依照高層指令來制定策略。不幸的是，它已被證實是個充滿矛盾的詞彙（參見下文專欄）。[15]

策略規畫是個矛盾詞

策略規畫的核心原則，是將策略的制定和執行區分開來，主張先思考，後行動；先分析，然後制定計畫。所以，機器型組織特別盛行策略規畫。但是，這個俐落的概念在實務領域中根本行不通。

當一個策略失敗時，責任往往被歸咎於執行面，然而會不會真正的問題其實出在將責任歸咎於別人的策略制定者呢？他們往往會說：「你們這些笨蛋就是不夠聰明，不懂得如何執行我們的高明策略。」但是，這些被歸咎的笨蛋如果夠聰明的話，就會反駁：「既然你那麼聰明，怎麼不制定出連我們這群笨蛋也能執行的策略呢？」你瞧，如此一來，每一次執行面的失敗都可以被描述為制定面的失敗了，不是嗎？

其實真正應該遭到歸咎的癥結應該是：把策略的制定和執行區分開來，因為這種做法預先假定策略制定者充分了解一切，也假定情況充分穩定或可被預測，因而認定策略執行期間不需做出任何調整。我們之前已經討論過這兩者存在的問題，尤其是在被認為像部機器般運作的組織中，正因如此，使得「策略規畫」變成一個矛盾詞。事實上，在有意圖的謀劃制定策略之餘，組織也必須讓策略隨著應變而浮現與形成。

相反的，許多傑出的策略來自一個朦朧的洞察，逐漸勾勒出全局樣貌。例如，宜家家居（ＩＫＥＡ）之所以製造組裝式家具，是因為有位員工試圖將公司的一張桌子放進車裡，但在過程中遭遇困難，只好先把桌腳先拆下來。這個小小的舉動激發出一個嶄新的策略與洞見：「如果我們要把桌腳拆下來才能運送，那我們的顧客也必須這麼做。」[16]當時，宜家家居還是一個相當接近一人作主型組織，凡事是由創辦人來決定，如果當時的它是個機器型組織，那麼這個深具洞察力的訊息，或許將永遠無法穿越組織的層層樓板。

接納我們的機器

許多人不斷談論著如何改變我們的組織，尤其是機器型組織，但這一定是必要嗎？機器不正是被設計來做特定事情的？例如，我家的暖爐運作得很好，它吹出的暖風實在太棒了！雖然機械工程系出身的我有能力把它改造成一支吹風機，但直接去買一支顯然容易得多。同理，我們為何要去改造一台「內建設定的機器」，讓它去做原本不該它做的事？難道不能稍加微調，讓它把原本擅長的事做得更好？**機器型組織的特長是效率，而不是創新。一個組織不能要員工戴上眼罩，卻又期待他們看得又深又遠。**

幾個世代的規畫師、顧問、再造工程師及作者們試圖說服我們相信：「內建設定的機器」是理想的組織模式，而且永遠是管理組織的「最佳方法」。雖然並非大家公認如此，但我猜在修復組織（fixing organization）的相關文獻中，大約有八成是關於機器型組織（雖然他們用的未必是「機器型組織」這個詞），無論他們談的是該不該強化控制與規畫，抑或藉由引進人類機器維修工班，來處理這些因控制與規畫造成的後果。

我並不認同只要「五種簡單做法」就可以輕鬆解決任何問題的說法，然而為了滿足滿心期待快速修理組織的高階經理人，我決定破例一次（參見下文專欄）。

五個修理你的組織的簡單做法（任何一種都能見效）

1. 把員工視為人力資源。當組織績效未達目標時，縱使錯在於你，依然決定大量裁員。
2. 別管組織的過去、歷史及文化，引進一支全新、不了解這個組織、熱愛評量的「高層團隊」。
3. 不斷將所有經理人調來調去，使他們除了管理之外，永遠搞不清楚其他事。如果你是一家公司的執行長，馬上把自己搬到最高樓層去，在那裡你可以成為一個資產組合管理者，而非真正的企業經理人（如果你領導的並非商業組織，還是別忘了自稱「執行長」，假裝自己正在經營一個企業）。
4. 當上述做法導致愈來愈多問題時，使用以下速效解方：聘請外部顧問，為你的組織設計任何還未設計的東西。
5. 最後，務必將這五個做法運用在任何事情上。

四種基本組織類型皆有其優缺點，機器型組織或許不是最好的組織方式，但它是一種重要的組織方式。**只要我們仍需要價格親民、大量生產的產品與服務，而且生產工作無法完全由機器取代，那麼「內建設定的機器」依然會存在，儘管它存在著種種缺點。**

你可能已經猜到，機器型組織並非我喜歡去任職的組織類型（我會想去任職的組織類型，是接下來要介紹的那一種），但我感謝這些機器型組織載我飛去出席會議、為我印刷書籍。儘管我不會選擇在這種類型的組織中工作，但我的生活卻不能沒有它們。跟絕大多數人一樣，我最好別自欺的認為他人才是官僚主義者，**當我們希望維持某種秩序而堅持遵守規則時，你我全都是官僚主義者。**

第九章

類型III：專業人員組合體

驅動人類進步的最強動力，乃是對於自身技能的熱愛。他們喜歡做自己所擅長的事，而且渴望做得比上一次更好。

——雅各．布羅諾斯基（Jacob Bronowski）

辭典對「組合體」（assembly）一詞的定義是：「為了一個目的而聚集在一起的一群人」，這和在第一章提到的「組織」定義：「為了追求一個共同使命而建構的集體行動」相當接近。不過，在某些組織中，即使成員聚集在一起，彼此的密切程度遠遠不如其他組織，本章就來探討這樣的組織——「專業人員組合體」。

這種組織集合具有純熟技能的人士，負責執行專業服務，例如教育學生、移植心臟、演奏音樂、打棒球等等。儘管他們看起來像是在一起工作，但實際上多數時間是獨立作業，並且基於過去所接受的大量訓練，透過「技能標準化」近乎自動的完成協調。

仔細觀察交響樂團的演奏或蟻群的行動，你會發現在不需要交換意見和下達指令的情況下，他（牠）們依然能夠展現令人驚訝的高度協調。棒球比賽中的雙殺不也是這樣嗎？游擊手接球後傳給二壘手，二壘手再傳給本壘上的隊友。心臟手術也是如此，美妙之處在於完美的執行，而不是創新（難道你會願意讓外科醫師在為你動手術時發揮創意？或是希望游擊手在比賽時用充滿創意的方式接球？）

你能想到比棒球更加「各自為政」的團

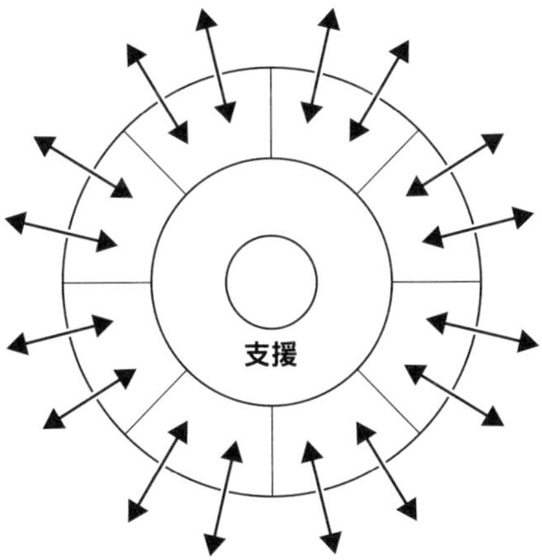

「專業人員組合體」示意圖

隊運動嗎？隊員全都站在各自的位置、做自己的事（想想這種情形如果發生在橄欖球賽中的列陣爭球，又會是什麼模樣），場上無人發號司令，就連坐在後方球員休息區的教練，也穿著和球員一樣的服裝。在打擊時，球員一個個輪流上場，獨自跑壘，每個人都處於自己的「穀倉」。在疫情期間，除了線上西洋棋外，棒球應該是最理想的運動了，因為所有人都保持距離！

「專業人員組合體」的基本結構

以訓練與技能標準化作為協調機制

不論是舞台上的一百名交響樂團演奏者，或是手術室裡的一群專業醫護人員，他們如何達成這麼精準的協調？答案當然不是「相互調整」，也不是「直接督導」（儘管台上有指揮家），而是訓練。**訓練是「專業人員組合體」的關鍵設計要素。在專業型組織中，作業人員的技能與知識都會被標準化**，不論是音樂樂譜、治療程序或會計準則。一位心臟外科醫師為自己的工作設計「烹飪手冊」，他在一張紙上畫上三、四十個一連串的流程符號，將非常複雜的手術簡化為基本步驟，他說：「每當執行手術的前一天，我會抽空用六十至一百二十秒在腦海裡重溫這些步驟。」[1]這就是真正的技能標準化！

「內建設定的機器」所使用的工作標準是由內部分析人員制定的；**「專業人員組合體」所使用的技能標準則是從外部引入，招募受過大學或專業機構教育的人才，並施以大量在職訓練**（例如實習醫師），最終促成知識的應用及技能的展現。在多年的學習歷程中，專業人員不僅學會自己要做的事，還要學會組織其他成員將做的事，使他們彼此能夠達成近乎自動化的協調。

這讓我想起《紐約客》（*New Yorker*）的一幅漫畫，漫畫裡幾名醫師圍繞著手術台上的病人，旁邊寫著：「由誰開？」「專業人員組合體」可不是在打橋牌，每個人都很清楚誰該拿起手術刀。這一切使得專業人員得以減輕來自內部分析人員的影響與控制；儘管如此，他們仍無法擺脫所屬專業協會對他們的外部控管。專業協會會建立、執行及更新專業人員所應遵循的標準及規範，因此不同的醫院所進行的心臟手術都很相似，不同的交響樂團演奏拉威爾（Joseph Maurice Ravel）的《波麗露》（*Boléro*）也不會有太大差異。最好的證明莫過於交響樂團的客座指揮，他通常在音樂會前幾天才會和樂團排練，但你能想像其他類型的組織中有個「客座經理」嗎？

所以，**機器型組織遵循的是官方權威，而專業型組織遵循的是專家自治，後者屬於精英制**。然而拜標準化所賜，專業型組織能夠擁有大規模的作業單位，一百名演奏者可以在一位指揮的領導下工作。同理，我的一百名同事也可以在一位院長的領導下工作。

高度自主性

第二章談到視組織為一個樞紐時，我舉的例子是醫護人員以病患為核心，在醫院裡忙進忙出，但那只是實體性的移動。在實際運作上，專業型組織是由一群擁有高度自主性的專業人員所組成。以我為例，在我進行教學工作時，從來沒有任何一位同事或院長來過我授課的教室。我通常會關上教室的門，照我的方法授課。

我之所以選擇在專業型組織任職，是因為這是唯一可以讓我自雇並領取固定薪水的地方。呃，雖然這不是真正的自雇，但確實擁有高度自主性。大學的運作方式跟貨運公司截然不同，但我知道有一所商學院聘請一位前貨運公司執行長來擔任院長，他聲稱可以用管理貨車司機那套來管理教授。結果不出所料，許多頂尖「貨車司機」（教授）選擇離職（這位執行長說不定就是第一章那個研究交響樂團的商學院學生）。

說到交響樂團，請務必抽空欣賞一場交響樂團的演出，那真是堪稱協調的奇蹟！演奏家們幾乎不看指揮，更別提看彼此，因此，將台上的偉大指揮視為領導力象徵，根本是個迷思。[2]真正掌控一切的是柴可夫斯基，而不是托斯卡尼尼（Arturo Toscanini），所以托斯卡尼尼曾說：「我不是天才，並沒有創造出什麼，我只是演奏別人的音樂。」[3]當樂團演奏著作曲家為每件樂器編寫的音符，但作曲家已經離世，台下心醉神迷的聽眾只能將盛讚加諸於指揮家身上（後文會談到指揮家下舞台後所扮演的角色，他們更像是管理者，而不是權威人士。）

高度分權化

「專業人員組合體」是四種基本組織類型中分權化程度最高的一個，至少對專業人員而言是如此。專業人員不僅擁有高度自主性，還能對影響他們的許多行政管理決策（例如新同事的聘任，甚至是部門經理人的選擇等），行使相當大的影響力，形成一個高度民主與分權化的組織結構。在麥基爾大學管理學院，一百名教授可以由一位院長管理，實際上是因為我們幾乎不需要向她報告與負責。在許多醫院，醫師甚至完全不用向行政管理階層報告，不過他們在專業人員系統中倒是階層分明，由下至上分別是：實習醫師、住院醫師、主治醫師，以及受人尊崇的明星學者。

所以，這種組織有時又會被形容為「倒金字塔」（upside-down pyramids），意思是指專業人員位居組織上層，而行政管理者則位居下層，為其提供服務（例如募資）。不過請別太快接受這個論點，如本章開頭的示意圖所示，與其說是倒金字塔形，倒不如說是扁平化階層結構。在專業型組織中，技術含量較低者不僅更容易受到傳統式監督，而且通常還要接受專業人員擺布，這樣的民主或許感覺起來更像是寡頭政治。

大量的支援幕僚

專業型組織的標準大多已經確立，而且是由外部的專業協會實行，因此，不太需要一個技術官僚群裡的分析人員。當然，這類組織中還是存在一些分析人員，例如所有組織都需要預算人員負責控管支出；但是，這些分析人員在組織中的影響力往往會受限於專業作業人員的力量。

不過在「專業人員組合體」中，支援幕僚的情況則有所不同。**由於專業人員的成本高，為他們提供盡可能更多的支援是相當合理的**。因此，大學裡有圖書館、校友基金、教職員俱樂部、出版社、檔案館等許多支援單位，這些支援單位的人員總數遠比教授還多。

訂做客製化

現在，我們來看看四種基本組織類型如何診斷顧客對其服務的需求。機器型組織不需要做診斷工作，因為它已經設定好每個刺激出現時該有的反應，就像膝跳反射那樣。（就像你去麥當勞向服務人員說：「大麥克。」你馬上就能得到；但如果你說：「加酸豆橄欖醬。」就會被對方告知：「抱歉，我們沒有酸豆橄欖醬哦！」）相反的，如同後文會介紹到的，專案型組織會做完全開放式的診斷：你提出需求，它就為你提供客製化解決方案。在一人作主型組織中，要提供標準化或客製化服務，全看領導者怎麼決定。

在專業型組織中，我們看到的是介於完全標準化和完全客製化之間的情形，也就是前文提到的訂做客製化，會根據眼前的需求來調整標準，例如醫師選擇適合特定病患的動脈支架，或是外野手根據跑者速度，決定要把球傳向三壘或本壘。因此，不論技能標準化程度如何，工作複雜性會影響專業人員運用技能時的自主裁量程度。外科醫師、教授、社工等專業人員運用其技能的方式不會完全相同，工作中需要運用許多判斷，有時也需要臨場發揮。

量身訂做的標準化是專業型組織的特點之一，**「專業人員組合體」以鴿籠式分類**

（pigeonholing）**方式運作，亦即把使用者需求歸類至既有的專業人員分類中。**如果你因右下腹疼痛而就醫，可能沒過多久，就會躺上手術台進行割除闌尾的手術（這是根據某個專業協會制定的醫療程序與準則）；如果你要攻讀哲學、物理學或物理治療學士學位，學校給你一份標準化學程大綱，供你選擇所要修習的課程。

總結來說，如同**本章開頭的示意圖顯示，「專業人員組合體」是由一群高度自主性的專業人員所組成，他們被指派到不同專業單位，但會自行面對他們服務的對象。這種組織沒有太多管理階層及技術幕僚，但有大量的支援幕僚。**

「專業人員組合體」的環境與種類

當組織中作業複雜度高、人員需要接受大量訓練，但又足夠穩定、能夠透過有限度客製化來完成工作，就會傾向採用「專業人員組合體」這種組織類型。以醫院、大學、會計師事務所、交響樂團、棒球隊為例，除了最後兩個之外，其餘都是由成員個人提供服務。在製造業中，也能找到符合上述條件的專業型組織，例如聘請專業工匠製造手工玻璃器皿的工藝品產業。**英文的工藝（craft）一詞，本身即含有「透過長期學徒制，訓練學習傳統**

技能的專業人士」之意。工藝品產業的管理人員相對較少，而且常常是和專業工匠一起工作。

由於專業型組織高度倚賴專門技能，作業人員使用的技術可能相當單純，例如教育或棒球領域。傳統手術只需要靠手術刀，不過現代手術已經開始使用大量精密儀器與設備。

「專業人員組合體」的利與弊

民主與自治是許多現代組織中的工作者首要關心之事，而在四種基本組織類型中，專業型組織最能滿足這兩項需求。兼具民主與自治的工作環境，有助於讓專業人員充滿動力，深度投入自身工作。不同於機器型組織在工作者和服務對象之間樹立屏障，專業型組織傾向於去除這些屏障。然而，民主與自治的特質，也可能同時為專業型組織帶來專業分類、高度自主、反對變革等三個重大問題。說到這裡，你或許會想看看社會各界關於「專家」的一些有趣名言（見下文專欄）。

什麼是專家？

專家就是缺乏基本知識的人。

在邁向重大謬誤的道路上，專家總能成功避開所有陷阱。

每一位專家的背後，都有一位勢均力敵且意見相反的專家。

——科幻小說家亞瑟．克拉克（Arthur C. Clarke）

所謂「博士學位」，就是受教育者接受這輩子最後一次測驗，並被宣告完全符合要求。從此以後，他們不用再學習任何新東西。

——幽默作家史蒂芬．李科克（Stephen Leacock）

訓練決定一切。桃子曾經有點像扁桃；花椰菜不過是受過大學教育的甘藍。

——馬克．吐溫（Mark Twain）

專家是那些「對愈來愈少領域知道得愈來愈多，直到最後對特定支微末節無所不知的人」；而經理人則是那些「對愈來愈多領域知道愈來愈少，直到最後對任何事情全都一無所知的人」。試問當專家碰上經理人，會發生什麼情況？

專業分類的問題

「技能標準化」充其量是一種寬鬆的協調機制，不足以應付鴿籠與鴿籠之間分界的模糊性。因此，那些設想不周或不自然區分的技能分類就會引發政治糾葛。我記得一家醫院曾發生這樣的紛爭：乳房切除術該由誰執行？是婦科醫師，還是外科醫師？同理，在沒有開設組織研究課程的管理學院，本書應該被用於哪一門課程？是組織行為學，抑或策略管理學？棒球比賽中，打擊者將球打到中外野手和右外野手之間時，該由誰去接球？這是棒球比賽中球員少數需要彼此溝通（亦即使用「相互調整」的協調機制）的時刻之一，否則球會在他們之間落地並登上晚間新聞。

隨著專業化程度愈來愈高，技能分類既是巨大的優勢，也可能是令人感到沮喪的弱點，在醫療領域中尤其明顯。[4]當病患的需求符合專業分類時，就能立即獲得良好處置（例如闌尾會在破裂之前被切除）；至於那些「超分類」、「跨分類」或「外分類」的病患，可就沒那麼幸運了。

「超分類」是指當病患感到身體不適，卻無法被歸類為某種特定疾病，也就是醫學上沒有專門類別去處理病患所經歷的問題，例如許多大腸激躁症者會強烈感受不適，卻始終找不到問題出在哪裡，因而無法徹底治療。「跨分類」指的是必須同時接受多種疾病治療的病患（通常是老年人），這需要跨專業的「相互調整」協調機制，但許多醫師卻排斥這樣做。最後，是需要被當成「人」來治療的「外分類」病患，他們的疾病需要在既有醫學分類之外（或者說是在標準醫療程序之外）進行個人化考量。[5]

高度自主的問題

阿克頓勳爵（Lord Acton）說：「權力使人腐化，絕對的權力使人絕對腐化。」在組織中，很少有人能像專業人員那樣在會議上握有高度的自主裁決權。當專業人員稱職且認真時，自主裁決權可以發揮良好作用；然而，該如何處置刻薄對待病患的醫師呢？管理者對他們沒有多大的控制權，他們的同事、甚至所屬專業協會也可能不願意譴責他們。在學術領域中，「象牙塔」一詞象徵成員傾向居高臨下、俯視群倫，而非開放互動，例如，教授們只在「同儕評審」的期刊上發表論文，認為只有領域相同的同儕有資格評斷他們的研究成果。[6]

擁有自主裁決權，會使得評量專業人員的表現更為困難。舉例來說，我們能否真正評量一個孩子在教室裡實際學到多少知識，而不只是考卷上那些透過機械性背誦課文而得來的分數？在醫學界剛開始進行肝臟移植手術的年代，有位外科醫師為十名病患做移植手術，八名病患順利存活，但其中一名需要再次接受移植手術，另一名早期癌症復發，還有三名因身體太虛弱而無法恢復工作。當被問及手術成功率時，這位醫師聲稱成功率為「十分之八」，如果加上再次接受移植的病患，則為「十一分之九」。（看來他統計的是肝臟，而不是人！）至於醫院管理高層說成功率是「十分之六」，護理師則說是「十分之三」。[7]上述答案到底哪個才是對的？

你需要物色一位真正傑出的外科醫師，讓他挑戰某種高難度手術嗎？我的建議是：選擇手術死亡率最高的那位。因為你要找的並非一位平庸的醫師，而是一位敢於醫治最困難個案的醫師。有報導指出，有些外科醫師為了降低手術死亡率數字，會刻意避開較困難的個案。

最常見的情況是：擁有自主裁決權，使得專業人員傾向漠視組織本身的需求。專業人員對其專業的忠誠度，通常遠高於所任職的組織。但專業型組織也需要成員的忠誠度，例如希望專業人員能夠加入行政管理委員會，尤其是在組織歷經重大變革時。

抗拒變革的問題

專業型組織中的分類通常相當固定，若要推動組織進行重大管理變革，並重新安排既有架構時，更需要專業人員的配合。然而，專業人員擁有高度自主裁量權，喜歡獨立與穩定的工作模式，雖然他們的工作一直都會有所變化（例如醫學界會推出新的程序與準則、學術界會出現新的理論等），但往往只是邊緣性的變化，並未超出原有的專業範疇（在學術上稱為「典範」）。專業性組織往往非常抗拒行政變革，抗拒程度可能更甚於機器型組織，畢竟機器型組織變革與否，主要是由組織高層決定。

「專業人員組合體」受到的不當對待

由於一些專業人員以不當的方式對待服務對象，導致付錢的外部利害關係人（由管理顧問和董事會成員所驅動的政府、捐款人、保險公司等）也會同樣以不當的對待方式予以回應。外部利害關係人會對專業型組織施加技術官僚式控制，例如強加大量績效指標、要求這些組織如「內建設定的機器」般運作，然而這些作為，常會使原本試圖改善的問題更加惡化。（你覺得有什麼數字是無法被操弄的嗎？尤其是對聰明的專業人士而言。）此外，外部利害關係人還可能引進一些旨在增進工廠效率的最新管理方法，殊不知這些方法有效的前提是：組織權力集中於管理高層，因而必須靠堅定的領導者為組織注入秩序。**傷害專業服務精神（尤其是學校）最甚者，或許莫過於這些外部強加的官僚主義式解決方案。**[8]

這種「商業至上」的思維，已經促使許多專業人士（尤其是教師與教授）開始組成工會，卻同時加深他們和管理者之間的分歧，進一步對組織造成損害。專業型組織的運作方式是個人責任多於集體行動；然而工會在集體談判時必須展現一致性立場，因此往往聚焦在一些集體關切的事情上（例如薪酬），這麼一來，可能使「專業人員組合體」更趨向於「內建設定的機器」，這與專業人員工會化的初衷正好背道而馳。[9]

莫讓非專業凌駕專業

透過了解每一種組織類型的利與弊，我們可以避免用某種組織的思維方式，去改造另一種組織。教育孩子的不是政府，接生嬰兒的不是保險公司，演奏交響樂的不是贊助者，真正做這些事的人，是專業型組織中的專業人員。**如果一個專業人員不盡責或不稱職，無**

論施加任何評量、計畫、規定、命令都很難促使他盡責，更遑論能讓他變得更稱職。**更糟糕的是，這類做法可能會使真正盡責的專業人員分散注意力，從而影響他們的工作表現。**

請容我稍微改編那首名為〈有一個小女孩〉（There Was a Little Girl）的童謠*：「當專業人員表現優良時，他們非常、非常優良；但當他們表現差勁時，他們糟糕透了。」（When the professionals are good, they are very, very good. But when they're bad, they're horrid.）**如果外部利害關係人對專業型組織缺乏正確認識，的確有可能讓專業人員變得非常、非常糟糕。**

---

* 編注：此處引用的童謠原文歌詞為：And when she was good, she was very, very good. But when she was bad, she was horrid.

第十章

類型IV：專案拓荒者

這太容易了，按針先生，只要改變你的世界概念……。

——小說《幕府將軍》（*Shogun*）中，一位日本女士對英國籍愛人感到困惑時所言*

艾倫．米恩（Alan A. Milne）在《小熊維尼》（*Winnie-the-Pooh*）一書前言中寫道：「有些人走進動物園，從寫著『入口』的地方開始，快速走過每一個籠子，直到抵達那個

* 譯注：小說講述一名英國人因海難而漂流至日本，因而被賜名為三浦按針。「按針」為日語中「領航員」之意。

寫著『出口』的地方。但最善良可愛的人會直接走向他們最喜愛的動物，並且一直停留在那裡。」[1]我或許稱不上是「善良可愛」，但我必須承認，「專案拓荒者」雖然不是我最想任職的組織類型，至少是我最喜歡談論的組織類型，因為我不需要那麼多的刺激。[2]

截至目前為止討論過的組織類型，都無法實現最尖端而複雜的創新，也就是高科技研究實驗室、前衛電影公司、打造複雜原型的工廠，甚至是決心打敗更強對手的曲棍球隊所具備的那種創新力。「一人作主企業」當然能夠創新（如果領導者願意的話），但通常會以更簡單的方式進行。「內建設定的機器」和「專業人員組合體」是追求績效的組織，而不是解決問題的組織，它們的目的是運用標準化產品與程序，而不是發明新的產品與程序。

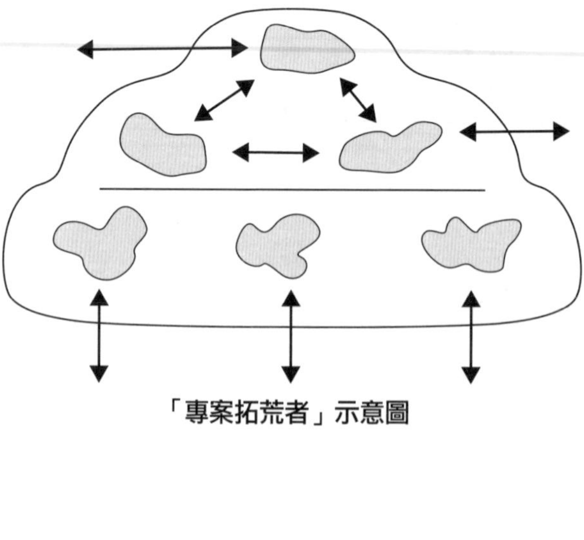

「專案拓荒者」示意圖

「專案拓荒者」是現代世界的探險者，由內部創新的創業專家所組成，共同創造新穎的產出，開創嶄新的領域。

讓我們先回到前文談到的「診斷」這件事。「內建設定的機器」傾向自動對特定刺激作出反應，沒什麼創新可言；「專業人員組合體」偏好將使用者的需求歸類至既有分類中；「一人作主企業」有時對較簡單的問題做出更開放的診斷。而唯有在「專案拓荒者」這類組織中，我們才能看到百花盛放的診斷、開放式的解決問題，鼓勵發展完全客製化的解決方案。

專案型團隊運動

在美式足球賽中，四分衛（或教練）喊出預先設定的戰術，球員據此做出反應。在棒球賽中，通常是由打擊者擊出的球決定場上球員行動。**但在曲棍球、籃球、橄欖球及足球賽中，當其中一隊搶到球時，沒人知道比賽將如何演變（包括持球者在內），球員必須自發性彼此協作，以智取對手。每一波攻擊都像是一個全新專案。**

專案型運動的精髓，是利用眼前情況（包括雙方球員的長處與弱點），並抓緊稍縱即逝的機會。當然啦，其他運動也會出現出乎意料的情況，但那些通常是例外，而非常態。

在專案型組織中，意外是家常便飯，所以，不用像棒球隊那樣填寫平衡計分卡，畢竟根本沒有計分項目可用。何況即使找到合適的計分項目，在像曲棍球這樣快速的競賽中，又有誰能填得那麼快？（足球就像是慢動作版的曲棍球，而棒球則被形容是在「看草生長」。）

管理學者羅伯・凱德爾（Robert Keidel）寫道：「籃球的動態變化程度很高，無法像美式足球那樣將「規畫」與「執行」嚴格區分開來……借用某位知名籃球員的話：『比賽開場第一分鐘發生的事，就足以徹底摧毀你的作戰計畫。』球隊能否取得成功，有賴教練和球員賽前規畫及賽中調整的能力。」[3]當然啦，偶爾還是會遇到有能力主導全場的球員，但這仍然是必須仰賴所有球員密切合作的團隊運動。事實上，一記漂亮傳球的重要性，可能並不亞於得分。

靈活編組制

在本章第一頁的「專案拓荒者」示意圖中，將這種組織描繪成一個網絡——一個開放式相互調整的網絡。如果「一人作主企業」可被稱為獨裁制（autocracy），「內建設定的機器」是科層制（bureaucracy），「專業人員組合體」是精英制（meritocracy），那麼「專案拓荒者」就是靈活編組制（adhocracy）。[4]

多年前，我提交給期刊的一篇文章中用到「獨裁制」一詞。[5]編輯來信詢問：「獨裁制是什麼？」我不太明白對方為何有此一問，我覺得文章中已經說明得夠清楚了，但還是稍稍修改內容後再次提交。過沒多久，編輯回覆：「我們已經準備刊登，但還是最後一個疑問：獨裁制是什麼？」我說：「稍等一下，這問題我們不是已經處理了嗎？」編輯仔細檢視並和同事討論過後，又問我：「獨裁制指的是沒有結構嗎？」我終於恍然大悟！問題不在於「獨裁制」，而是「科層制」。

許多管理顧問、政府官員及企業執行長都認為：既然「科層制」是有條理、有組織的，那麼「獨裁制」想必就是混亂、無組織的。連他們都這麼想，雜誌編輯有此誤解似乎也不足為奇。

事實完全不是他們以為的那樣。**由上而下的控制、指揮權統一、重視策略規畫到標準化程序，專案型組織確實違反機器型組織的所有原則。然而，當完全違反上述這些原則得到的並非「沒有結構」，而是「另一種結構」。「專案拓荒者」正是一種在特定情境下有效的組織結構。**[6]

「專案拓荒者」的基本結構

「專案拓荒者」和「一人作主企業」一樣，具有鬆散的有機結構。不過在協調機制上，「一人作主企業」主要是靠最高領導者的直接督導，**「專案拓荒者」則仰賴內部專家團隊及跨團隊之間的相互調整**，以這樣的合作實現高難度的創新。多年前，我曾經請一家類似「專案拓荒者」的公司提供他們的組織架構圖，結果對方回覆我：「我們恐怕無法提供，因為我們的組織架構圖變化得太快，無法起到任何作用。」從此以後，我再也不向這類組織提出這種請求。

在這種組織中，除了用預算及時程表試圖讓專案保持進展（這並不容易）的人員，我們幾乎看不到其他技術官僚。我有幾次受邀為這種組織舉行研習營，闡釋靈活編組制的適用性，在這種研習營中，我最喜歡向學員提出這個問題：「在靈活編組制中，最可憐的人是誰？」這問題通常會引發在場所有人片刻沉默，接著爆出笑聲，於是大家紛紛轉頭去看蜷縮在角落的那個可憐傢伙——當然是財務總監囉。組織中總得有人控管不確定因素，以避免情況變得難以收拾。

支援幕僚在專案型組織中同樣扮演著重要角色，但與在機器型組織和專業型組織中有所不同。這裡有許多分別隸屬於不同單位的專家，他們被指派至特定專案團隊，為團隊增補知識（例如一名研究部門的科學家，被派去協助一支專案團隊開發一項新產品）。因此，這裡的支援幕僚不會被晾在一旁，等到被諮詢時才發言，而是專案型組織中不可或缺的角色。試問當人人都是必須全力投入的要角，又如何明確區分誰是主要業務人員、誰是支援幕僚呢？

在專案型組織中，不僅業務人員與支援幕僚的區分變得模糊，傳統組織的所有制式區分都變得模糊。這使得這類組織中的專家就像籃球場上的球員般自由行動。所以，我們可以這樣說：**專案型組織是選擇性的分權化，權力流向有能力處理當下必要事務之人，不論他是經理人或非經理人**。

支援幕僚的緊密合作，意謂專案型組織大量使用矩陣結構。因此，這類組織中有大量經理人（功能部門經理、整合經理，以及數量最多的專案經理），因為專案團隊必須維持較小規模，並透過「相互調整」促進協調。

不過，**專案型組織的經理人通常不會按照傳統方式進行管理，他們更著重連結而非控制，尤其是跨團隊的連結**。換言之，他們更常透過「相互調整」進行協調，而非以「直接督導」下達命令。事實上，他們本身也經常會以一般專案團隊成員的身分工作。多年前，我在法國觀察一家大型高科技軟體公司的營運長工作，當我發現他要去參加一個專案團隊會議，便好奇的問他為什麼，他說專案團隊正在開發一些新軟體，這將為公司開創先例（用他的話來說是「策略的開端」），所以他有必要積極參與。[7] 誠如第十一章將談到的，專案型組織的策略，就是透過這種扎根學習（grounded learning）而來。

總結來說，**「專案拓荒者」是一個由作業專家、單位經理及專業人員組成的有機體，他們在靈活編組的專案團隊中，以不斷變化的關係一起工作。**

「專案拓荒者」的環境與種類

專案型組織往往出現在高度複雜性與動態性的環境之中，從高科技產業到游擊戰戰場皆是如此。**複雜性高，所以需要專家參與；動態性高，所以需要他們進行團隊合作。**

值得注意的是，本章截至目前為止所舉的例子，大多是興起於二十世紀後半的產業，其中許多是高科技產業。**我們每天生活在一個靈活編組制的年代，至少組織世界中很多新誕生的組織就屬於這種類型**，因此文獻上對於這種組織有許多不同稱呼方式（參見下文專欄）。

靈活編組制的其他名稱

- 網絡式組織（network organization）。
- 蜘蛛網型組織（spiderweb organization）。
- 暫時性組織（temporary organization）。
- 任務編組型組織（task force organization）。
- 雙元性組織（ambidextrous organization）。
- 群集型組織（cluster organization）[8]。
- 格網型組織（lattice organization）。

靈活編組制本身也有許多不同型態。例如：

- 「**永久型靈活編組**」（permanent adhocracy）：是在完成一項專案，準備進入下一項新專案時進行改組。
- 「**暫時型靈活編組**」（temporary adhocracy）：是為一項重要專案組成團隊，並在專案完成後解散，例如奧運組織委員會。

- **「業務型靈活編組」**（operating adhocracy）：是為承接外部專案而組成。
- **「行政型靈活編組」**（administrative adhocracy）：是以組織本身需求為目的。

讓我們舉一些實際例子來說明。爵士四重奏屬於業務型靈活編組制，它著重創意性為聽眾演奏，就像設計工作室為客戶開發新產品。遊戲開發商屬於行政型靈活編組制，它們執行一項又一項專案，以及在市場上推出新產品，儘管這些遊戲產品是透過機器型組織或外包的方式製造。

換句話說，行政型靈活編組制銷售的是產品，不是專案。飛機製造商也是如此，當它們為特定買家客製化打造一架企業專機時，就是一個以業務型靈活編組制運作的組織。在本章第一頁的示意圖中，呈現兩種類型的「專案拓荒者」，一種是專案集中於基層作業，另一種是專案分散於組織的各個行政部門。

當機器型組織導入作業自動化，就會轉向專案型組織，形成行政型靈活編組制。如第六章所述，隨著機器逐漸取代作業人員，組織會將焦點移至技能熟練的專業人員身上，他們以團隊形式彼此協作，從而設計、開發及維修那些機器。

這裡還必須介紹「**延伸型靈活編組**」（extended adhocracy），它向外連結外部專業人士，進一步模糊專案型組織劃定的邊界。由於這種編組制具有高度靈活性，因此專案型組織十分歡迎外部人員加入專案團隊，以借重其專業知識。它們也常將專案中的一部分完全外包，例如飛機製造商把新飛機的引擎設計及製造工作外包出去（第二十章將討論這種外包合作）。

「專案拓荒者」的缺點

我們已經詳細討論「專案拓荒者」的優點，然而相較於其他三種組織，如今這種組織相當普遍，然而它的缺點卻反而容易為人們所忽略。光是基於這個原因，就值得我們更加審慎的進行思考。

專案型組織並非完美無缺，就跟其他組織類型一樣勢必有其優點，也有其缺點。最大的缺點在於，**專案型組織的模糊性可能令人感到不安，而且可能因為強調效能，而過度犧牲效率**。

無所不在的模糊性

俗話說「怕熱就別進廚房」，因此，**如果你無法忍受模糊性，請遠離專案型組織**。我們都喜歡新奇，但同時也渴望穩定。一段時間持續不斷的變化，可能令人感到不安，反之亦然。例如為了完成某個專案，大家整整一個月都在瘋狂趕工；到了三月時，每個人卻完全無事可做，閒到只好打起撲克牌。如果我們不喜歡日子是這樣的大起又大落，又怎能責怪那些渴望去專業型組織過穩定生活的人？或是責怪執行長抓緊時機大量生產暢銷產品，而不願意從事創新活動？

即使是進行中的專案，也可能存在相當大的焦慮，不斷思考：這個專案真的可行嗎？如果必要的創意無法實現，那該怎麼辦？在這複雜的矩陣結構中，我們應該歸屬於哪裡？種種焦慮與困惑，極有可能演變為衝突的導火線。就連著手進行專案的人員，本身也可能相當焦慮：這個做法能成功嗎？萬一這個做法具有創意卻不能實現呢？在這個深奧的矩陣結構中，誰隸屬於哪裡？凡此種種焦慮與困惑，很有可能滋生組織中的衝突。**專案型組織的模糊性會導致權力的分散，自然會衍生出各種政治手段，讓組織失去焦點。**

缺乏效率的效能

專案型組織不擅長做普通的事，它們喜歡非凡的事物。然而，追求新穎的同時，卻總是伴隨著混亂，甚至可能需要付出很高的時間成本。不過，如果逼迫團隊展現效率、全力防止工作懈怠，則又可能扼殺他們的創造力。**專案型組織常常是犧牲效率以獲得效能**。靈活編組的專案團隊裡有形形色色的人，從作業人員、單位經理，以及組織內部及外部的專家，他們得花很多時間溝通，這樣的合作顯然無法太有效率。此外，為了創新，組織成員必須一起從彼此的錯誤中學習，這意味著組織不僅允許犯錯，甚至是鼓勵犯錯，並讓犯錯者有足夠時間去修正錯誤。

遇上意料之外的問題時，團隊得召開會議。問題會經過被定義、重新定義，然後產生解決方案、討論、拋棄或接受等歷程。一直以來，不同陣營的聯盟都是在激烈辯論與協商的過程中建立起來的。好不容易終於有個決定出現（這本身就是一個了不起的成就），雖然它可能花費很長一段時間，而且可能還要經過反覆修改，最終才能證明它確實具有開創性。儘管這是一段漫長的歷程，但相信未來還會出現更多靈活編組制的組織！

第十一章

四種組織類型的比較

「一人作主企業」、「內建設定的機器」、「專業人員組合體」以及「專案拓荒者」，這四種組織類型有多基本？簡單的說，就是很基本。那麼它們是真實存在的嗎？這個問題的答案，取決於我們對「真實」的定義。本章就來討論這件事。

歷史悠久的四種組織

這些基本的組織類型可以追溯至人類第一次彼此合作的時候。專案型組織往往被視為「我們這個時代」的組織，但事實上，它可能是歷史最悠久的組織類型，起源於智人以群體方式（也就是組成團隊）合作狩獵。隨著人們融入社會，便出現一人作主型組織。我們在前文中提過古美索不達米亞是早期機器型組織的案例，但那裡也存在專業型組織，例如「他們經常從遙遠的地區招募熟練的工匠，這些工匠會依專業組成行會。」[1]

至於各種組織類型的全盛期，如果說現今是專案型組織的年代，那麼一人作主型組織的全盛期大概是君主與封建地主統治的年代。工業革命帶來機器型組織的全盛期，而且重要性始終不減，不過最為普遍的依舊是一人作主型組織。[2]（想想統治者、獨裁者、創業家、企業大亨等諸多名稱，在我的同義詞辭典中，共有二十一個用來稱呼一人作主型組織領導者的詞，光是「主宰者」〔Master〕的同義詞就長達一頁半！可見人們依然為領導權力感到著迷。）專業型組織可能從未有過全盛期，但伴隨專業人員在二十世紀確立起他們的地位，這種組織類型也變得日益普遍。

儘管有著各自的全盛期，但四種組織類型在現代都很重要，而且未來亦將如此，前面四章中舉出許多當前例子可茲為證。當你遇上一個組織時，如何辨識它屬於哪種類型呢？（參見下文專欄）

這是哪種類型的組織？

我們該如何判斷一個組織屬於哪種類型呢？你不妨詢問組織成員關於組織的一些問題，可以在某種程度上或多或少反映出該組織符合哪種類型。

- 「基層作業的重要工作，是否大多簡單且具重複性（例如提供量產或大量提供服務）？」若是，這個組織可能屬於「內建設定的機器」。
- 「基層作業中最重要的工作是否需要具備一定程度熟練、但頗為穩定的技能？」若是，這組織可能屬於「專業人員組合體」。
- 若最重要的工作——不論基層作業或行政管理部分，是以協作團隊執行，並且得出客製化結果，這個組織可能屬於「專案拓荒者」。
- 除此之外，儘管存在前述情形，若這個組織中的某個人握有絕大部分權力，那麼這個組織可能屬於「一人作主企業」。

閉上眼睛想像一下，哪種具有生命的東西（例如蟻群、大象、蘑菇或樹木）最能形容你的組織？你能從所選擇的比喻中，看出這個組織屬於何種類型嗎？

總結四種基本組織類型

現在我們已經從組織的結構、形成策略的流程、經理人的工作性質，到它們常會遭遇的問題等等，對這四種組織類型有相當程度的了解。表11-1是根據前面四章內容所做的總結整理，原則上透過這張表就能掌握四種組織的一切特徵。接下來，我除了會簡單的說明這張表，還會針對另外兩個層面──策略流程及管理工作，詳加剖析每種組織的特徵。

圖11-1把這四種組織類型標示在由藝術、技藝及科學構成的管理風格三角形上，「一人作主企業」落在最靠近藝術之處（基於領導者的願景），「內建設定的機器」落在最靠近科學之處（基於規畫分析），「專業人員組合體」落在科學與技藝之間運作（基於證據與經驗），「專案拓荒者」可能較靠近技藝（以經驗為基礎的團隊合作），但也會發揮創意的運用藝術。

許多「流行詞語」（涉及工具、技巧及概念）也經常運用在四種基本組織類型中。例如一人作主型組織經常與「魅力型領導」、專業型組織與「知識型工作」高度相關。機器型組織中與更多詞彙相關，這充分顯示人們在進行組織思考時，機器型組織所占有的主導地位。

類型	一人作主企業	內建設定的機器	專業人員組合體	專案拓荒者
做決策	先看（藝術）	先思考（科學／分析）	先思考（技藝／科學，根據證據）	先做（技藝，根據經驗）
策略的形成	願景模式（慎思型觀點）	規畫模式（慎思型定位）	創新模式（浮現的策略定位及策略觀點）	學習模式（浮現的策略定位及策略觀點）
策略	利基型，窄範疇	成本領導地位	定位多元	差異化、探索
優點	反應靈敏、專注、受指揮	效率、可靠、精準	專注、精通	創新、靈活、迷人
缺點	受限制、不牢靠（找機會）	無人情味、缺乏彈性	脫節、易衝突	缺乏效率、模糊不明、有偏航傾向
管理	鉅細靡遺的管理	例外管理	外來的管理	參與式管理
主要管理角色	做、交涉、內部控制	控制	溝通、連結、交涉	做、連結、交涉、溝通

表11-1　四種基本組織類型

類型	一人作主企業	內建設定的機器	專業人員組合體	專案拓荒者
極端表現	獨裁制	科層制	精英制	靈活編組制
形式	以領導者為核心的樞紐	作業鏈上方有指揮鏈	自治的專業人員集合體	由多支團隊構成的網絡
偏好的協調機制	直接督導	工作標準化	技能標準化	相互調整
結構	簡單、彈性、集權化，能成為一個大團體	制式化、階層制度、有限的分權化（權力下放給分析人員）	分權化，權力下放給在大型的功能單位工作的專業人員	聯絡機制、矩陣結構，權力下放給小型團隊
標準化／客製化	部分客製化	標準化	訂做客製化	客製化
環境	單純、但多變的環境，通常組織規模小	單純、穩定的環境、成熟，受到外來控管	複雜、穩定的環境	複雜、多變的（高科技）環境、自動化、流行
種類	• 創業的公司行號 • 新創事業 • 在困境中扭轉的公司 • 小型組織	• 大量生產的公司 • 大量服務的公司 • 器具型公司 • 封閉體系 • 地方性生產者 • 活潑的科層制	• 專業服務 • 手工藝生產者	• 業務型靈活編組 • 行政型靈活編組 • 延伸的靈活編組 • 巨型專案 • 平台型組織
支配作用力	團結	效率	精通	協作
流行用語	魅力、願景、扭轉	穀倉、全面品質管理、改組、賦能、標竿、時間研究、策略規畫、再造工程、價值鏈、員額精簡、微調	知識型工作、遠距辦公、資格證書、鴿籠式分類、共治／合議	團隊合作、網絡、矩陣結構、專案管理、內部創業、倡議／聲援、夥伴關係、學習型組織

圖11-1　四種組織在管理風格三角形上的位置

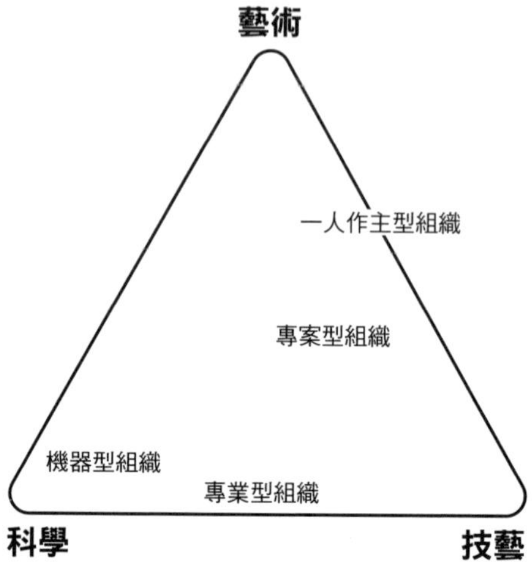

各種組織的策略形成流程

第三章介紹形成策略的四種流程，分別為：規畫模式（慎思型定位）、願景模式（慎思型觀點）、創新模式（浮現的策略定位及策略觀點）、學習模式（浮現的策略定位及策略觀點）。這些策略流程十分貼切的分別對應四種組織類型，清楚展現四種組織類型之間的差異。

「一人作主企業」：根據領導者願景產生策略

在「一人作主企業」中，策略往往是以領導者願景的形式呈現，以蘋果公司為例，賈伯斯的願景就是公司的策略。這樣的願景可能是高度慎思且緊密整合。作為一個策略觀點，它就像一把撐開的大傘，其下可能浮現明確的策略定位（蘋果公司的策略定位是筆記型電腦、iPad、智慧型手錶等）。一人作主型組織通常傾向採用利基型策略（例如成立一間專門供應有機餐點的餐廳），以避開市場上來自既有機器型組織的競爭。

「內建設定的機器」：規畫出策略定位

如前文所述，機器型組織一直是策略規畫的堅定擁護者，認為應該由高階主管制定慎思型策略，交由其他人去執行。然而正如第八章所提到的，**策略規畫往往淪為策略排程（strategic programming），亦即是由現有策略觀點推導出的結果**（例如增加定位，刪減支出等）。換個方式來說，在數字主導一切的情況下往往少有新意，更遑論提出一個嶄新的願景。這麼一來，他們所謂的「策略」，不過是受到縝密績效控管的行動計畫。[3]

那麼，機器型組織的策略觀點又是從何而來的呢？經常是在企業創立之初，由創辦人發展出來的（當時企業還是一人作主型組織）。此外，策略觀點也可能複製產業內其他組織，形成彼此相似的策略。

當然啦，機器型組織可以進行微調，畢竟總是有推出新策略定位的空間（例如在麥當勞的餐點單上增加「滿福堡」這個選項）。然而只要組織還保有機器型組織特徵，就別在那裡尋求革命性變革。**哪怕只改變一個要素，都可能使緊密整合的機器發生崩解。**

「專業人員組合體」：基層專業人員在創新模式下浮現策略定位

不同專業型組織形成的策略，往往有著更高的相似度。這是因為專業人員做的事情及做事方法相當程度受到所屬專業協會的規範，所以這類組織往往是通用策略的地方性提供者。如果你試著拿當地的綜合醫院與其他城市的綜合醫院比較，或是拿當地大學與世界其他地方的大學比較，差別很可能只是服務的所在地不同，但提供的服務內容其實大同小異。

珍妮．羅斯（Janet Rose）和我研究麥基爾大學在一個半世紀歷史中的策略性活動，我們發現，在這麼長的期間中，這所大學只關閉了一個學系——系齡只有十五年的獸醫學系。[4]也就是說，這所大學一直是由它開設的所有學系所組合起來！

然而，**在許多看似典型的專業型組織內部，可能存在由基層專業人員推動的種種獨特策略定位**。從表面來看，麥基爾大學擁有各種一般常見的學系，例如藝術、科學、醫學、管理等；但當你仔細觀察就會發現許多獨特的學程，例如我們的經理人國際碩士專班

（International Master's Program for Managers, impm.org）並不提供一般常見的行銷與財務課程，也沒有年輕的學生坐在U形座教室裡討論案例，而是讓職涯中期的經理人一起坐在圓桌旁，透過「省思」、「分析」、「協作」、「世俗」及「變革」等五個模組，從彼此的經驗中獲得學習。

這類創新策略在「專業人員組合體」中處處可見，但它們鮮少來自管理階層，大多是由基層專業人員在各自專長領域中推動。將這些創新加總起來，能否說是專業型組織的策略呢？的確可以，因為它們共同決定了組織在其環境中的定位。[5] **「專業人員組合體」不僅會將專業人員納入組織結構，也會將專業人員推動的創新策略納入組織總體策略。**

「專案拓荒者」：在學習模式下浮現策略

在「專案拓荒者」類型的組織中，其專案團隊透過經驗與學習，浮現出策略。當然，在一人作主型企業類型的組織中，策略也是透過學習與探索而產生的，但那是透過其領導者個人的經驗與學習，因此，其策略可能比專案型組織中各支團隊學習而產生的策略更為整合。

我們研究加拿大國家電影局（National Film Board of Canada，簡稱ＮＦＢ）的策略史[6]，

它以製作紀錄短片而聞名，隸屬於加拿大聯邦政府，是一個典型的靈活編組制組織，每部影片都是一項獨立專案。有一次，NFB突然進軍劇情長片領域，這不僅是一個全新的策略定位，同時具有相當不同的策略觀點。這樣的策略從何而來？並不是源自管理高層的規畫流程，事實上不僅出乎管理高層的意料之外，甚至也出乎負責的製片者的意料之外。

當時那部影片太長，無法按照NFB通常的模式發行，只好以劇情長片形式在戲院上映。其他製片者見狀紛紛心想：「我何不也採行這種模式呢？」於是，一些製片者也陸續開始攝製劇情長片，從而將組織帶往一個新的策略。這就是並未經過策略制定流程，卻能形成創新策略的典型案例！

我們追蹤NFB近四十年間的策略發展軌跡（亦即它所製作的影片類型），發現這個組織有著非常規律的收斂與發散週期：先是經歷大約六年的明確策略聚焦期（例如電視媒體普及後，聚焦於製作電視影集），接著會有大約六年的缺乏明確策略聚焦期。有趣的是，NFB許多最富創意、最成功的影片，都誕生在後面這個時期。**在專案型組織中，策略聚焦有時會妨礙創意、抑制對新穎洞察的進一步探索。然而，若是缺乏策略聚焦，也可能導致策略漂移的危險，也就是個別專案分別將組織帶往各種不同方向。**

受到上述研究成果的啟發，我們發展出一種「策略形成的草根模式」（grassroots

model of strategy formation），參見下文專欄。這裡的描繪可能有點誇張，但誇張程度沒有比廣為接受的「溫室模式的策略制定」（hothouse model of strategy formulation）還大。

策略形成的草根模式

- **策略起初像庭院裡的野草般自然生長，而不是像溫室裡的蕃茄那樣受到精心栽培。**換言之，組織往往有可能對策略發展過度管理。有時，讓模式自然浮現，好過於強迫組織過早達成一致性。可以等到之後真的有必要時，再考慮使用「溫室栽培」。
- **只要人們擁有學習能力及支持資源，策略可以在任何地方生根。**有時個人或團隊會因為偶然遇上某個機會或犯下某個錯誤，意外形成新的策略。關鍵在於：組織無法總是規畫策略將在何處浮現，更遑論去規畫策略。
- **當許多策略蔓延成一種模式、在組織普及時，它們就變成組織的策略。**當野草蔓延至整個庭院，既有的植物可能變得格格不入；同理，浮現型策略有時可能取代現行的慎思型策略。當然啦，你可能會想：「野草不就是意外生成的東西，能有多少價值？」然而，當視角發生改變，浮現型策略就像野草一般可以變成有價值的東西。（不妨想想蒲公英，它是美洲最惡名昭彰的野草，但歐洲人可是拿來當成沙拉來吃呢！）

- **這種蔓延過程可能是有意而為的管理過程，但未必需要這麼做**。也就是說，策略模式的普及化，未必需要靠制式或非制式管理者的刻意推動。一種模式可能如野草般，透過集體行動在組織中蔓延開來（例如ＮＦＢ的劇情長片）。在意識到浮現型策略的價值後，可以透過刻意的管理使其蔓延，就像選擇性的栽培特定植物。
- **草根模式的管理之道就是別急著預先規畫策略，而是意識到策略的浮現，並在必要時出手干預**。一旦發現具有破壞力的野草，最好立即予以根除；但若是能夠開花結果的野草，就值得多加關注，有時甚至需要為它搭建溫室。在這種模式下進行管理，就是要創造一個能讓各式各樣策略生根發芽的環境，然後耐心觀察策略的成長，別太快除掉讓你出乎意料的點子。總體而言，管理階層必須判斷何時該採用既有策略，何時該鼓勵可能取代既有策略的新興策略。

各種組織的管理工作

如同第三章所述，管理就是做管理之事，但在四種類型的組織中，管理工作的重點則有所不同。

「一人作主企業」：鉅細靡遺的管理

在一人作主型組織中，管理工作主要是由地位至高無上的領導者負責，所有的人和事都圍著這個樞紐運轉。特定單位中或許還有其他經理人，但他們都傾向遵循老闆的想法。

進入一家創業的公司（不論規模大小），觀察其老闆，這公司裡的所有人可能也在看他們的老闆。「聽我慢慢道來」，一家大型連鎖超市創辦人在主管會議中這樣說道。在結構化很低、標準化很少的組織中，沒什麼能限制這位最高領導者，有時就連營運規畫也限制不了他。多年前，我問一家著名連鎖零售公司經理，為何他們會如此頻繁的缺貨，這位經理回答：「因為我們的創辦人討厭規畫。」

微管理是糟糕的事，對吧？有人說，如果你是大老闆，就應該只管重要的事，把細節留給別人。但這個忠告未必正確，尤其是（但不僅限於）在一人作主型組織中。**全貌必**

須以細節慢慢勾勒而成，而且必須從現場尋找線索。因此，實地管理未必是微管理，最優秀的創業者善於把作業細節匯聚成總括的策略性願景。他們不是制定之後就完全交付執行，而是在具體行動與概念性推論之間往復循環：他們行動是為了思考、思考是為了行動、行動是為了思考……。

在第三章提到的管理模型中，所有經理人都必須在「資訊」、「人事」、「行動」這三個層面進行管理工作。但在「一人作主企業」中，有更多的管理活動發生於行動層（更多的內部運作和對外交涉）和資訊層（更多的內部控制）。

至於管理難題方面，一人作主型組織面臨的最大難題可能是：

1. **授權的困境**：在這麼多資訊是個人性、口頭性、私密性的情況下，管理者該如何把工作授權出去？
2. **自信的拿捏**：如何保持足夠程度的自信，但又不會因為過度自信而顯得自負傲慢？

「內建設定的機器」：管理是做微調的工作

若說一人作主型組織的關鍵是最高領導者，那麼機器型組織的關鍵就是組織結構。在機器型組織中，高階、中階和基層經理人在分析人員的支援下制定策略，這些策略通常維持得相當穩定。也就是說，**經理人必須不斷微調他們的科層機器**，尤其是為了避免干擾。由於「不確定性是最大的敵人」，因此必須嚴密控管，防止結構中出現衝突。

我和坦尚尼亞一個大型紅十字會難民營的管理者相處幾天後，便清楚體驗到這點。這個難民營位於坦尚尼亞境內，靠近盧安達及蒲隆地的邊界，當時那些國家才剛經歷過殘暴的種族屠殺事件。這是在一個非常規的環境中，進行常規管理工作。難民營中的一切顯得異常平靜，事事都井然有序。但這樣的秩序可能在傾刻間天翻地覆，所以哪怕只是出現一點小火花，管理者都必須立即作出強烈反應並加以控制。[7]

為維持組織正常運作、避免干擾、遏制衝突，機器型組織經理人會盡可能維持組織的封閉性，無論是工廠領班將破壞性訪客拒之門外，或是公司執行長和愛干預的董事會成員保持一定距離。因此，在這種類型的組織中，資訊層的內部控制者角色非常重要。

當干擾出現，也就是未能按照計畫運行時，就必須採取例外管理（management by exception）。經理人必須使組織重回正軌，因此不論機器的其餘部分如何設定，都必須以靈活編組制的方式運作，也就是彈性、協作的管理方式（其實，四種類型的組織遭遇這種情形時，都必須這麼做）。

至於管理難題方面，在機器型組織中有四種特別顯著的難題：

1. **分解的迷宮**：在一個被分析得如此支離破碎的世界中，要如何加以整合？
2. **聯繫的困惑**：管理的本質就是與被管理的那些事保持距離，試問在這樣的原則下，要如何保持消息靈通，保持聯繫呢？
3. **評量的疑難**：如何管理無法有效衡量的東西？
4. **變革的謎題**：在維持組織正常運作的前提下，如何管理變革？

還有，切莫忘記自信的拿捏，從階層制度中得到如此高的控制權力，很容易從自信演變為自負傲慢。

「專業人員組合體」：來自外部的管理

在「專業人員組合體」這種類型的組織中，階層制度有著不同的形式。如前文所述，專業人員仰視自己的地位階級，而經理人則是在他們的職權階級上俯視不那麼專業的人員，就這樣，專業人員和經理人之間猶如夜間在海上交錯而過的船，各走各的路。

在專業型組織中，各層級經理人為專業人員提供的支援，遠遠多過於督導。例如，在醫院裡，行政總監和醫科部主任們應該確保有穩定的經費流入——不論是來自捐款人（例如用於購買新設備的捐款），或是來自政府部門（例如提供更大筆的預算），在此同時，也要確保這些利害關係人不過度干預，好讓專業人員能在最少的分心干擾之下工作。面對不了解精英制與科層制差別的政府官員和董事會成員（「評量那些死亡率」；「像我控管貨車司機那樣控管那些工作者」），**「專業人員組合體」的管理工作需要在「吸引外部利害關係人」和「克制他們的干預」這兩者之間取得一個微妙的平衡。**

應付這類組織中出現的管轄權爭議（專業類別之間的衝突）時，也需要微妙的平衡。所以，**管理一個「專業人員組合體」，必須認知到對外擁護與對內調解的不對稱性。**對外，經理人必須擁護自家組織，轉過頭來向內，他們必須面對許多專業人員擁護他們自身的利益。[8]

這就凸顯出管理的外部角色：在資訊層做溝通工作，在人事層做連結的工作，在行動層做交涉工作（尤其是協商）。「專業人員組合體」經理人的工作必須連結多於領導，交涉多於行動，在內部角色上必須說服多於控管、激發多於賦權。熟習這一切能使經理人擁有較高的影響力，但即便如此，他們可能仍然不具有像其他類型組織中的經理人那樣大的權力。

在專業型組織中主要的管理難題有二：

1. **分解的迷宮**：在一個被分析得如此支離破碎的世界中，要如何加以整合？
2. **變革的謎題**：在維持組織正常運作的前提下，如何管理變革？

「專案拓荒者」：參與式管理

在前述三種類型的組織中，經理人的工作與非管理者的工作相當不同，但在這第四種類型的組織中，情形有所不同。**「專案拓荒者」類型組織的經理人通常參與專案團隊，在此同時，許多專家通常也參與管理流程**，例如，創造後來變成策略的先例。套用一個流行的詞彙，這叫做**分布式管理（distributed management）**，又一個傳統分類的模糊化。

不過，在如此高度分權化的把權力下放至專案團隊之下，可能漂往任何方向，高階主管可能必須把迥異的行動整併成凝聚的策略——輕推（nudge）專案團隊，使它們朝往看起來最佳的方向。安迪．葛羅夫（Andy Grove）撰寫他在英特爾（Intel）的管理方法時，喜歡使用「輕推」這個詞：他傾向誘哄員工朝往一個偏好的方向。[9]在一人作主型組織和機器型組織中，你大多是指示人員，不怎麼誘哄他們。在專業型組織中，試圖輕推那些技能熟練的專業人員朝往某處，可能會相當棘手。但**在開創種種專案的組織中，為了協作而前進，輕推是必要**。

行動（參與專案工作）是專案型組織經理人一個重要的內部角色，連結與交涉則是重要的對外角色。專案型組織所有層級的經理人非常像銷售員，靈活編組制的建築師和律師事務所的合夥人就深知這點。由於專案工作來來去去，經理人必須確保夠穩定的新專案流入，消除或減輕青黃不接的情形。此外，由於建立關係網絡與拓展人脈對於這類組織的運作非常重要，內部及對外的資訊方面的溝通特別重要。

在專案型組織中，有三種管理難題特別顯著：

1. **膚淺症候群**：在承受龐大的成功壓力下，該如何深入思考？
2. **規畫的困境**：在如此忙亂的職務上，光執行工作就已經夠頭痛了，更別提事先考慮了，該如何規畫，如何策略化呢？
3. **行動的兩難**：該如何在一個複雜而微妙的世界之中果斷行動？

總結而言，在「一人作主企業」裡，領導者是組織的心臟與靈魂，其他經理人（如果有的話）大致上也是以領導者馬首是瞻。在「內建設定的機器」裡，經理人微調系統，以保持組織的順暢運行，尤其是應付意料之外的騷亂。在其餘兩種類型的組織中，個別專業人員或專家團隊握有很大的力量，經理人的工作主要不是控管，而是連結——促使人員與專案彼此連結，也和外面世界連結，很多日常管理工作被分散至專業人員或專案團隊。

真實的組織類型

這四種組織類型真實嗎？它們存在嗎？所謂「真實」又是什麼呢？我們在紙上或螢幕上看到各式各樣的文字與圖表，它們以自己的方式真實存在著，即使並不屬於「真實世界」的一部分。無論你舉出任何真實世界中存在的東西，我都能告訴你這東西既是真實的、又是不真實的。

現實是如此浩瀚，我們的小腦袋實在裝不下。所以我們需要用簡化的版本來加以處理，亦即對現實的印象：觀念、概念、框架、模型、類型及理論。這些印象有助於解釋我們所遭遇的現實。因此，可以說，與其說我們是在理論與現實之間做出選擇，不如說是在各種代替現實的理論之間做出選擇。不論是經理人在做決策，或是你在閱讀本書，都是如此。邏輯上，我們選擇當前最有用的理論（並非最好的理論，而是現有選項中最好的那個理論），不論它有多不完美。所以，如果我是一個稱職的研究者及作者，那麼將這些組織類型儲存在腦中，確實能夠幫助你理解和設計組織。

我們在前文中已經提供許多有關各種組織類型的例子，但如果你深入探索，就會發現一些與現實未竟相符之處。舉例而言，美式足球是典型的程序型運動，但球員同時也需要接受大量專業訓練。在任何一個科層制組織中，依然存在不少靈活編組（例如公司裡的廣告部門）。同理，在最富創造力的靈活編組制組織中，也有不少的科層結構（總得有人在收發室工作吧）。無國界醫師（Doctors Without Borders）在災區將醫院的專業醫療人員重新進行專案編組；電視肥皂劇有時看起來就像生產線組裝出來的車子，而不是高度創造性的產物。

當分類出現與現實未竟相符之處，是否表示我們應該完全拋棄這四種基本組織類型？當然不是，因為這種情況不僅真實存在，而且很正常。沒有任何組織能夠完全符合某種組織類型，但有不少組織會與它非常接近。截至目前為止，本書一直在做鴿籠式分類，但我們現在已經來到一個轉折點：接下來，我們將超越這四種類型，展開更開放性的討論。

第四部

驅動組織運作的七股基本作用力

有時候，把組織視為一種作用力體系，而不只是類型組合，更能幫助我們徹底理解組織。組織中普遍存在一些顯著的作用力，我們必須理解這些作用力，才能了解組織為什麼會以某種特定的結構方式組成。在第十二章會敘述前述四種組織類型中各自具有的主要支配作用力，第十三章則介紹另外三種作用力，它們在這四種組織類型中可能扮演著顯著的角色。

第十二章

每種組織都有一股支配作用力

每一種組織類型有一股支配作用力：**一人作主型組織中的「團結」**（**consolidation**），**專案型組織中的「協作」**（**collaboration**），**機器型組織中的「效率」**（**efficiency**），**專業型組織中的「精通」**（**proficiency**）。先前在討論四種組織類型的四章內容中，我們已經探討過每一種作用力，本章會扼要但深入的進行討論。

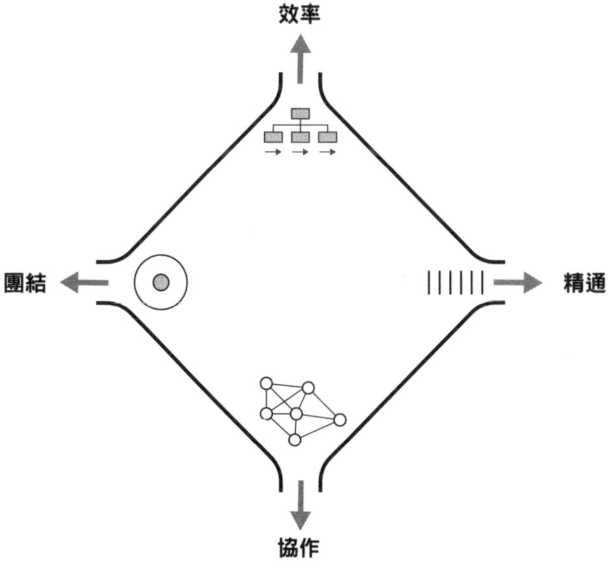

一人作主型組織：團結

通常，一人作主型組織能激發全體團結並採取行動，這是因為權力集中在一人身上，因而能有效的協調所有人共同努力。

當其他類型的組織陷入危機而需要團結行動時（例如，一個機器型組織面臨破產時），通常會仰賴一個最能想出並整合必要變革的領導者。因為機器型組織面臨危急情況時，那些平時賴以推動團隊工作的制度並不足以應對，因此可能必須回到一人作主型組織，才能使組織扭轉逆境。相較之下，專業型組織就沒那麼需要團結，因為組織成員原本就是各自獨立工作。至於專案型組織則有團結的需求，但平常是由連結各項專案的網絡共同合作。不過當組織處在危機中，不論成員多麼不情願，專業型組織和專案型組織可能都得回到「一人作主企業」的型態，以達成更大程度的團結。

機器型組織：效率

機器型組織的口號是：「我們需要更多的秩序！」即使它已經多麼有秩序、有條理了。此處的「秩序」，通常意指效率，也就是投入較少的資源（包括人力資源），卻能創造更多的產出。**如果一個組織架構得像一部機器，它將聚焦於效率。一個原本不是機器型的組織，開始對於效率有更大的需求時，它將傾向改組成更像機器型組織。**不論何者，組織的技術官僚將規畫更多活動，施加更多評量，建立起更嚴密的規定。

但是，追求效率並非沒有限制。如前文所述，專案型組織往往為了追求「效能」，因而犧牲「效率」。而在專業型組織中，一味追求效率，反而成為專業人員追求技能精通的阻礙。至於一人作主型組織，通常確實更有效率，但管理者是否真能包容那些提出與自己不同意見的人？則又是一個值得思考的問題。

專業型組織：精通

專業型組織追求技能的精通。舉例來說，醫院施行高超的人工髖關節置換手術、餐廳供應全市最棒的餐點、球隊在球場上展現完美的雙殺。這類組織不追求如同機器般的效率（例如每天施行幾場髖關節置換手術），不追求創意協作（例如追求更有創意的髖關節置換術），也不需要跨部門合作（例如把髖關節置換手術和另一個心臟移植手術整合起來），而是讓專業人員盡可能發揮專業，並提升他們對於工作的專業精熟度。

專案型組織：協作

為了促進創新，協作是專案型組織相當重視的作用力。在這類組織中，人員通常必須密切合作，以產生新穎、客製化的解決方案。固然，這類組織可能需要對多項執行專案進行整合，但是由它們自然而然建立的網絡關係，便可以促進這種協作。專案團隊成員當然也必須具有熟練的技能，但這是特指協作的能力，而非獨立作業。至於效率，當然一定程度上還是需要，而效率又能促進創新。

總結來說，到底是先有作用力，抑或先有組織類型？噢，這個問題就好比我們需要蛋才能孵出雞，還是需要雞來下蛋。同樣的道理，**作用力會促使組織類型的產生**，**組織類型又會讓作用力發揮功能**，兩者之間具有相輔相成、彼此強化的關係。

第十三章

存在於所有類型組織的三股作用力

上一章我們介紹四種組織類型所具有的主要支配作用力，除此之外，還有另外三股存在於四種組織類型、具有催化性質的作用力。其中一種作用力是**「注入文化」（infusion of culture）**，藉由鼓勵人員齊心協力，使組織變得更緊固。另外兩種作用力是使組織變得更寬鬆，分別是**「分離既有結構」（overlay of separation）**，能讓各單位彼此區分開來；以及**「衝突入侵」（intrusion of conflict）**，能將人員及各單位之間彼此拉開。如圖13-1所示，「分離」是從上方覆蓋，「文化」滲透全組織，「衝突」則是一種暗中的行動。

圖13-1　存在於所有組織類型中的三股作用力

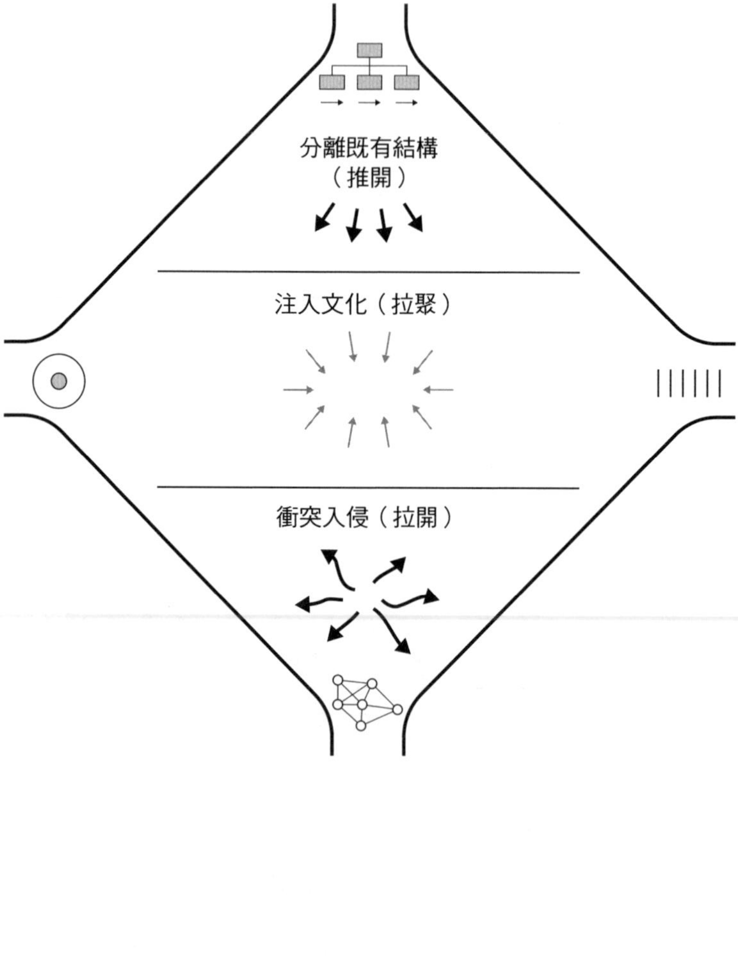

分離既有結構（推開）

我們在第二部曾談到分工，亦即必須區分組織中的不同職務，並透過各種協調機制來加以連結。第五章則討論到將各種職務分組成單位，這些單位被以「穀倉」和「樓板」的形式區分開來，因此需要透過種種橫向聯繫、規畫與控管等制度，將不同單位彼此串連起來。

然而，**有時我們需要促成單位之間進一步的分離，在組織結構內對各單位賦予更大的自主權**。為此，組織必須轉向較為寬鬆的協調機制，也就是前面提過的「產出標準化」，將更多決策權下放給這些單位，但前提是，這些單位必須實現管理階層訂定的最終成果。所謂「分離既有結構」，就是在既有組織結構上設置分離的事業單位。例如一家提供有線電話、行動電話、網路服務的電信公司，可能成立各自獨立的事業單位，來專門處理不同的業務。

分離既有結構（推開）

注入文化（拉聚）

如第二章所述，每個組織有其獨特的文化，亦即它的做事方式。一個研究實驗室勢必不像是一家銀行；有時，甚至兩個研究實驗室彼此也不相像。若說分組是組織的骨架，制度是組織的血肉，那麼文化可能就是組織的靈魂。我之所以加上「可能」二字，是因為有些組織文化並不明顯，就像在我住家附近的幾間連鎖超市。（它們可以被形容為具有某種產業文化；同理，這世上還有許多職業文化，例如工程業的文化。不同國家也有專屬於自己的文化，例如德國文化、義大利文化。）

沒有明顯文化的組織，就像沒有明顯個性的人，對外呈現出來的多是骨肉成分勝過心靈成分。但是，有些組織卻格外與眾不同，它們具有自己獨特的做事方式，這使得它們能夠創造出一種打動人心的組織文化，為它們的組織結構注入靈魂，就像用染料為清澄的液體注入美麗的顏色。

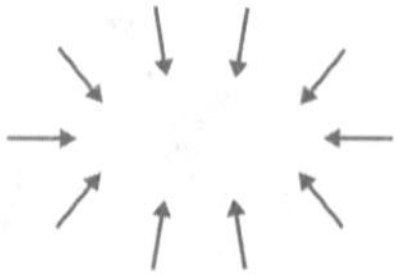

注入文化（拉聚）

想必你曾聽過這個故事。有三位砌磚匠被詢問他們在做些什麼，第一位砌磚匠說他在砌磚，第二位砌磚匠說他在建造一座教堂，第三位砌磚匠說他在為全能的神打造一座紀念館。像第三位砌磚匠這樣的組織，才能將所有人拉聚在一起，成為一個群體的成員，而不只是在一起工作的一群人。我們可以將這種把所有人拉聚在一起的集體觀念，稱為「群體精神」（communityship），這個詞彙或許也可以用來修正我們對於「領導」的偏執。[1]群體精神不只發揮在人類組織，在動物界也是如此：

> 蜜蜂和螞蟻無法孤立生存，牠們總是集體行動，幾乎就像一個複雜的有機體細胞，有著遠遠優於個別成員的集體智慧與適應力。[2]

這種群體締造的強大力量又被稱為「綜效」（synergy），也就是發揮「2加2等於5」的成果，意思是各部分的產出總和，會大於各自生產時的產出總和。**通常，當人們在一個淡化他們階層差異的組織文化中工作時，組織會運作得更有成效**，因為不論你是打掃地板的清潔工，還是擔任管理階層的經理人，都會因為克盡職責、為組織貢獻心力而受到賞識。打動人心的組織文化如何發揮作用，請參見下文專欄。

打動人心的組織文化

我們曾看過一些置身在打動人心的組織文化、擁有與組織價值相當契合的工作者，他們描述自己在工作中充滿活力、富有創造力及勇氣，期待每一天都能在工作上獲得成長；即使偶爾免不了會感到瓶頸或壓力，也絲毫不減對於工作的熱情。他們是如何辦到的？以下列出我們觀察到六種最強大的思維及實踐之道。

一般組織		打動人心的組織
關注職涯發展 我們可以如何追求自己的職涯目標？	→	**關注個人成長** 我們可以如何追求自己的人生抱負？
角色 我們在組織中擔任什麼職務？	→	**天賦** 我們能為組織貢獻哪些長處、熱情及好奇心？
管理員工 我們如何取得適任的人才？	→	**管理關係** 我們如何讓組織中的人際互動更順暢？
使命 • 我們的目標是什麼，如何達成？	→	**目的** • 我們的意義是什麼，如何實踐？

• 使命是以文字表達、需要被人理解之物。	• 目的來自經驗，是要被實踐之物。
• 使命需要人們去達成。	• 目的需要人們去探索。
• 一個使命是一個答案。	• 一個目的是一個疑問。
• 我們藉由組織目標去完成使命。	• 目的是比組織還宏大的價值觀。
發布一致的訊息 考量什麼是正確的訊息，誰是合適說出這些訊息的人？	→ **傾聽內部的聲音** 我們每一個人可以如何以自己的方式，表達我們在組織中的感受？
互惠交換 關注我們想從你們那裡獲得什麼，以及你們想從我們這裡獲得什麼？	→ **共創** 我們如何按照組織目的，一起盡情想像與積極建造？

本文作者為華倫．尼爾森（Warren Nilsson）及唐娜．派多克（Tana Paddock），文章標題為〈投入程度：超越僅僅是認同〉（Engagement: Beyond Buy-in）。

節錄自：CoachingOurselves.org

相較於一般組織裡的工作者，在打動人心的組織文化裡工作的人，更關注在追求自身使命。這或許可以說明為何一些不具有明星球員的球隊，最後卻能爆冷門奪得冠軍，這些普通球員只是抱持無比的幹勁，齊心協力達成「2加2等於5」的成果。是的，金錢可以買到明星球員，但無法買到相同的信念。同樣的，有時當我們走進一間旅館或一所學校，就是會感覺到「這裡不一樣」，你會看到人員殷勤有禮、反應敏捷、充滿活力，原因正是他們本身就受到所屬組織管理階層的尊重（參見專欄）。

兩家旅館的故事

英格蘭北部有一家明顯缺乏熱忱、人員流動率很高的旅館，我有時不得不在那裡投宿。在那個只有有線電話的年代，我曾經從這家旅館打電話到日本，而旅館索費高達每分鐘十美元，但實際成本大約只有每分鐘一美分。有次我離開那家旅館，前往位在英格蘭湖區（Lake District）的另一家旅館，準備參加某個管理課程。一踏進旅館大門，我立刻感受到這是個充滿活力的地方，旅館中四處有著精緻的裝潢、無微不至的考量，以及真誠相待的工作人員（他們的臉上全都帶著真誠的微笑，而不是接待員式的僵硬笑容）。

這個親身經驗讓我思考起一個問題：何謂一個「有靈魂的組織」？我的答案

是：當你看到時就能自然明白，因為你能在每個細節中感受到它的存在。當我問旅館裡一名服務員附近有沒有登山步道，他說自己不太清楚，於是跑去詢問經理。不久後，經理立即前來為我詳細說明。後來我問一位年輕的櫃台小姐在這間旅館工作多久，她得意的說：「已經四年囉！」她還順便告訴我高階主管的年資：「經理待了最久，十四年，副經理則是十二年，銷售主管的年資也差不多那麼長。」

不論是員工、主管或是顧客，只要你願意給予他們機會，絕大多數的人都渴望能關懷他人。既然身為人類的我們擁有靈魂，為何我們的旅館、醫院、銀行及電信公司不能有靈魂呢？

打動人心的組織文化三階段

一個能夠打動人心的組織文化，通常會歷經三個發展階段：建立、傳播、強化。

階段1、建立一種使命感：通常是由一位有魅力的領導者帶頭，創造出特別的、令人振奮的共同使命感。在新創立的組織中，建立使命感比較容易，因為相較於歷史悠久的組織，新創的組織不需要遵循過去的常規，也比較不會受到傳統的束縛，人們能夠發展更緊密的人際關係，創造休戚與共的團結感；反觀在信念及常規已經建立的既有組織，建立使命感就顯得困難。不過，有時候一個重大事件的發生，也許能使組織不再採用日常的做事方式，建立起新的組織文化，例如當組織換了一個有魅力的領導者，或是當陷入危機時，更需要創造重大變革。

階段2、透過先例及故事，鞏固組織信念：伴隨組織成員在做決策及採取行動時通力合作，便形成可以變成傳統的先例。當人們講述著過去那些具有鼓舞人心力量的案例故事，其中最棒的故事更會變成「傳奇」（saga，此詞彙源於北歐），當這些故事結合起來，便逐漸形成組織獨特的歷史，建立起組織的價值觀。如同社會學家菲利浦·塞爾茲尼克（Philip Selznick）所形容的，在「獲得自我、以及與眾不同的個性後」，變成一種制度（institution），一種有自己生命的體制。[3]

階段3、透過認同及社會化，強化組織文化：加入組織的人們並不是進入一個任意的個人集合體，而是進入一個有生命的體系，這個體系有其傳統與故事，為了留在這個體系裡，他們必須認同這一切，成為忠誠的成員。這種組織使用社會化（socialization）或教化（indoctrination）的人際流程，約定成俗的建立新成員對組織的認同，並強化既有成員對組織的信諾，例如透過各種社交活動來達成這種強化。

一個能夠打動人心的組織文化，就是這麼漸漸、有耐心的一步步建立而成，一旦建立就可能難以改變。不過，對於難以改變這件事也別太過苦惱，不妨回頭去看第八章的專欄「五個修理你的組織的簡單做法」，每一種做法都有助於削弱或扼殺打動人心的組織文化。

在四種組織類型中締造打動人心的組織文化

任何類型的組織都可以注入打動人心的文化，只不過對於某些類型的組織來說，做起來會比其他類型的組織更加容易。許多一人作主型組織處於草創階段，自然比較容易建立起打動人心的文化。例如一個創業者追求一個獨特願景，吸引他人加入行列，並將其視為家人，即使面臨危機也會努力避免裁員。當然啦，一旦創辦人離去，這一切可能會戛然而止。

機器型組織則通常恰恰相反。標準與制度、規定與評量指標，通常很難鼓勵員工基於共同信念而齊心協力。不過，有時我們還是能在這種類型的組織中發現打動人心的文化，這種組織可被稱為「活潑的科層制」（snappy bureaucracy），它們的肌肉有靈魂，骨骼有精力。學者柯林·海爾斯（Colin Hales）則稱之為「輕科層制」（bureaucracy-lite），意指

「並非從傳統的科層制徹底轉變為網絡型組織，而是較有限度的改變為一種不同形式的科層制，仍然保留階層制度與規定，但以一種較為薄弱而明確的形式。」[4]

在專業型組織中，認同感通常是建立在個人及專業上，而不是對於組織的認同；但是對於一些具有特殊使命的專業型組織而言，締造打動人心的文化也並非罕見，例如醫院醫治病患、學校教育學生等等。至於專案型組織，拜這種團隊中的協作精神所賜，更有理由能看到預期中打動人心的組織文化。分權化也對建立此種文化有所幫助，不過，由於分權化讓員工更能表達自己的意見，這可能為組織招致衝突；專業型組織也存在這種問題。

衝突入侵（拉開）

英國古典學家暨翻譯家法蘭西斯・麥唐納・康福德（Francis Macdonald Cornford）在其著作中寫道：「工作分為兩類：我的工作和你的工作。我的工作是表面上與公益性質有關的提案，實際上卻涉及圖利我的朋友（我對此感到抱歉），以及圖利我自己（我對此更感抱歉）的手段。你的工作是暗中密謀圖利你及你的朋友，卻偽裝成公益

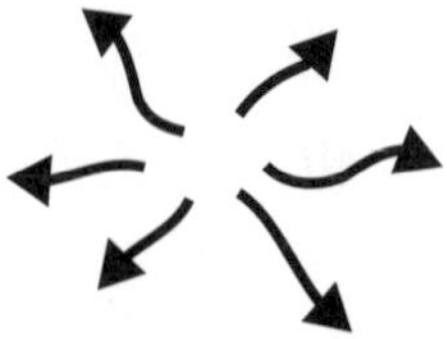

衝突入侵（拉開）

度展開牠們的招攬舞蹈，直到隔天，主張東北方築巢點的那群蜜蜂終於屈服，牠們停止舞蹈。最後蜂群達成協議，正式選定西北方的那個築巢點。6

人跟蜜蜂一樣，天生是協作的生物，但有時也可能變得非常好鬥。我們的文化讓我們齊心協力，我們的衝突卻又將我們拉開。當意見分歧時，我們可能會「耍些政治手段」，在制式結構外做些不光明的事。這聽起或許像是在玩一些小把戲，但事實上可不止如此，而是完完整整的一整套把戲，其中有些是用來挑戰來自職位、專業與文化的合法性權力，甚至會癱瘓組織運作；另一些則是直接以不正當手段奪取合法性權力。

組織中的政治遊戲

以下是組織發生衝突時，最常見的十三種政治遊戲：7

1. **造反：**通常被用以對抗組織中的當權者，但也可能被用於對抗專家意見或既有文化，或是用於影響變革。因此，擅長玩造反遊戲的人，通常是職階較低、受到某種職權形式壓力的人。

2. **反造反**：組織中擁有法定權力者以政治行動反擊造反行動，或是政治性的使用法定行動來處理造反者，例如教會用開除教籍來處罰異議者。

3. **加盟與依附**：這種遊戲的對象通常是另一個職階較高者，使用者藉此建立自身的權力基礎，例如依附另一個更有權勢地位的人，聲稱對其忠誠，以獲得影響力。

4. **建立結盟**：一般運用在同儕，通常是各部門經理人之間，有時是幕僚與專家之間。他們協議出相互支持的隱性契約，以便在組織中促進自身利益。

5. **鞏固疆界**：部門經理人尤其常善用這項計謀來擴大自己的部門，並建立起權力基礎。這通常不是著眼於合作性質，而是基於個人利益性質。

6. **爭奪預算**：公然以相當清楚定義的規則來增加自己的預算。與上一個遊戲相似，但分化組織的程度沒那麼高，因為戰利品是資源，而不是人。這種遊戲的常見版本是，把剩餘的經費花在不是特別必要的事物上，亦即刻意把原本剩餘的預算花光。

7. **玩弄專業知識與技能**：這種遊戲的方式就是炫耀自己的專長或假裝自己是專家。真專家雖然會炫耀他們具有獨特及不可替代性的知識與技能，但同時也抗拒將他們的技能與知識制度化，以獨享這些技能與知識的私有性。偽專家則會假裝自己有專業知識與技能，或是試圖讓他們的工作被視為專業，最好是宣稱自己為少數專業人士，以便能掌控一切事物。

8. **作威作福：**組織中擁有權力者會作威作福的對待沒有權力或權力較小者。例如：握有權力的經理人向屬下擺威風；對法規握有裁決權的公務員欺壓百姓；專家自恃其技能，對無技能者頤指氣使。

9. **業務單位與幕僚單位對立：**這是一種兄弟鬩牆型的敵對，不只是為了增進個人權力，也是為了挫敗對方。有制式職權的單位經理人和專業的幕僚顧問相互對立，雙方都想不正當的利用組織權力。

10. **敵對陣營：**組織中形成兩個彼此對立的陣營。這可能發生於當結盟或建立王國的遊戲結束時勝出的兩大勢力團體。在一方得利、另一方必定會受損的零和賽局下，這可能是所有政治遊戲中最具分化作用的一種類型，幾乎像是一場內戰。這種衝突可能是介於單位之間（例如，一個建築工地的工程部門與建築部門對立），或是介於兩個敵對的要人（例如兩位高階主管互相競爭執行長寶座），或是介於兩個互相競爭的使命（例如，獄方人員分為兩派，一派主張犯罪者的監禁，另一派主張著重犯罪者的矯治）。

11. **推銷策略選項：**個人或團體決心使用政治手段來推銷他們偏好的策略選項。可能玩這種政治遊戲的人包括分析人員、作業人員、經理人、甚至「長」字輩的高階主管。（在這種政治遊戲中，通常還會玩別種政治遊戲。）

12. **吹哨／揭發：**這種政治遊戲通常時間很短，雖然目的也是為了改變組織，卻會導致一種截然不同的改變方向。一個知道內幕的人（通常不是高層）運用有限的資訊，向有影響力的外界或內部高層或董事會成員，揭發組織內可疑或非法的行為。這種政治遊戲往往受到被揭發者的阻撓，是另一種版本的反造反。

13. **顛覆：**這是所有政治遊戲中利害程度最大的一種，不是僅僅為了促成簡單的組織改變或抗拒組織權威，而是要使組織權威遭到質疑，甚至是推翻它。一小群決然的局內人（有時是接近權力核心、但非權力核心者）尋求改變組織的策略，或改變組織的文化，或是更換領導者。

嚴格來說，上述有些政治遊戲是不正當的，例如加盟與依附、作威作福、爭奪預算、業務單位與幕僚單位對立，然而它們與正式職權的影響力體系卻是相互共存的；事實上，若無後者，它們無法單獨存在。至於其他的政治遊戲，例如造反與顛覆，則通常會發生在與當權者對抗時。

四種組織類型中的衝突

最少發生衝突的組織類型大概是「一人作主企業」，因為這類組織的領導者掌控各種大小事，一旦意識到衝突的跡象，就能迅速消滅衝突。當然，如果領導者本身就腳步踉蹌，自然就會發生底下人的造反或顛覆，迫使他（她）下台。不過，就連造反或顛覆也可能不容易成功，許多獨裁者縱使無能、該下台了，仍然能夠憑藉著對於權力的掌控（例如獨裁者靠著武裝力量，公司領導者靠著奉承的追隨者），繼續掌權很長一段時間。

在機器型組織中，分工明確會造成穀倉與樓板，鼓勵本位主義，進而引發意圖建立狹窄的權力基礎的政治遊戲，例如建立王國、爭奪預算、加盟與依附、直線單位與幕僚單位對立。雖然，嚴密的控管或許能防止具對抗性的政治遊戲，但在這類組織中，作威作福的情形尤其顯著，有時也會發生造反、顛覆及吹哨與揭發的行為。

專業型組織和專案型組織的職權體系比較薄弱，它們比較重視專業知識體系，因此權力分散得更廣。因此，這兩種類型的組織中存在相當多政治活動，尤其是內部團體彼此之間的對立，這可能是為了增進狹窄的權力基礎，或只是為了和敵對者對抗。專業型組織尤其傾向於分裂成意識形態對立的陣營，而專案型組織中則常見到推銷策略選項的政治遊戲。

建設性衝突

組織中的衝突和成員彼此玩的政治遊戲，會帶來多大的分裂和能量削弱，這點已經不需要多花篇幅說明。然而，比較少人知道的是，在某些情況下，衝突、尤其是政治手腕可能具有建設性。

一般而言，**政治手腕可以彌補組織中正統影響力體系的某些不足或缺陷**。換個方式來說，根據定義，政治手腕的手段是不正當的，但政治手腕可以被用來追求正當的目的，例如，吹哨人揭發上司的不當行為。以下，我們用兩點來進一步說明。

首先，政治手腕作為一種影響力體系，可以以達爾文進化論式（Darwinian）的行動，把最強的組織成員推上領導職位。由於職權偏向於單一指揮鏈，便於讓薄弱的領導者壓制優秀的下屬；而政治手腕能夠提供溝通及晉升的替代管道，例如藉由加盟與依附的政治遊戲，讓某人能夠勝過一個薄弱的上司。此外，由於因應衝突是經理人的重要工作之一，政治遊戲可以展現一個人的領導潛力。二流者或許能夠上陣，但最好還是讓最優秀的人去應戰。政治遊戲不僅可以呈現誰是最優秀的人，還可以幫助組織淘汰較弱的人。

第二，面對一個課題，當正統的影響力體系只推崇一種意見時，透過政治手腕可以表達不同的意見。因此，政治手腕能迫使組織正視其既得利益者抗拒的變革，吹哨這種政治遊戲的目的顯然就在於此。組織成員通常會透過階層制度向高層匯報資訊，並且傾向於傳達單一且符合當權者偏好的觀點。專家體制可能把權力集中於既有的專家手上，他們有根深蒂固的範式與協定，而打動人心的組織文化則是根植於牢固的既有信念。面對這種種障礙，政治手腕可以像一隻「看不見的手」般的運作（或者，更確切的說，是一隻偷偷摸摸的手），推動必要的組織變革，例如透過推銷策略選項、吹哨／揭發、顛覆。第十六章介紹另一種組織類型「政治競技場」（political arena）時，將討論政治手腕的其他益處。

當然，政治對抗未必能改變一個糟糕的情況，有時甚至提出一個比問題還要糟糕的解方，導致情況更加惡化。此外，有些人或團體做出的政治挑戰是任性的或中性的，例如，一個利害關係人做出政治挑戰只是為了想要獲得一筆新交易。對於這些情況，我們就不能說政治手腕有建設性或破壞性，不過，我們可以說，在政治遊戲期間，組織的機能是不健全的，因為我們大可把玩這些政治遊戲所耗費的資源用於做其他更重要的事。總之，政治遊戲愈快平息愈好。

文化與衝突

在組織中，文化與衝突並存，有時相互挑戰（拉聚與拉開），有時也相互制衡。如圖13-2a及圖13-2b所示，**一個共融的文化能夠抑制衝突的入侵程度，而衝突的引進也能夠促使一個太過封閉的文化轉向開放**。

圖13-2a及圖13-2b中的箭頭可以說明這些作用。當組織中的各方追求自身利益時，文化的向心力可以制約衝突，保持組織的穩定。例如，專案型組織中的專家儘管在內部互相挑戰，但一旦他們做出決定後，就會對外呈現團結的態勢。同樣的道理，過度封閉的組織文化可能會引發內爆的衝突，當組織受到衝突的外爆力而被拉開，就會使組織文化變得開放。所以，**藉著文化與衝突之間的拉鋸，可以維持組織中需要的動態平衡**。

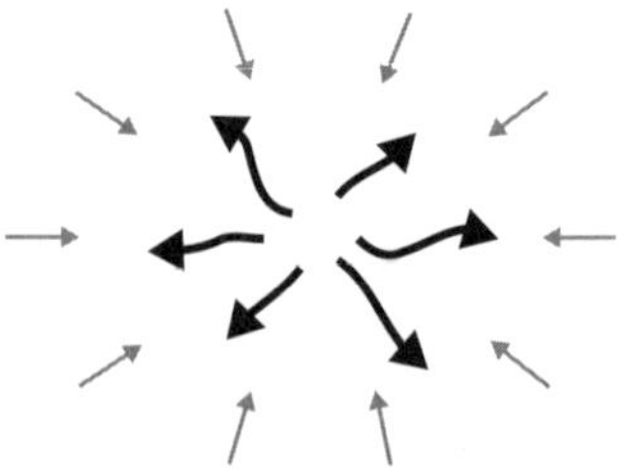

圖13-2a　文化抑制衝突

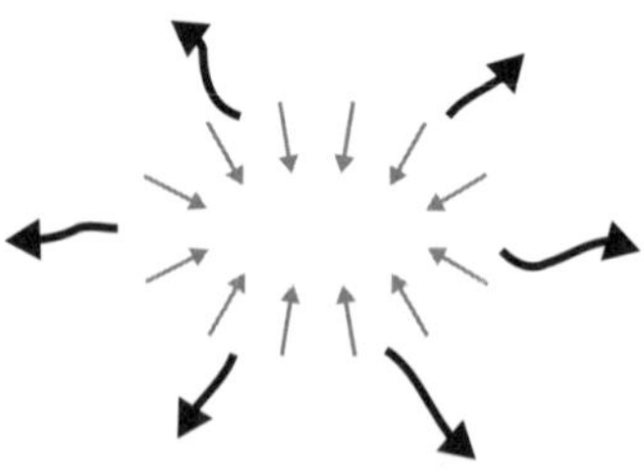

圖13-2b　衝突促使文化開放

第五部

另外三種組織類型

如前所述，四種基本組織類型各自有一股主要的支配作用力，而另外三股作用力分別有一個相應的組織類型，一種作用力主宰一種組織類型。當分離自治是主宰的作用力時，組織是「事業部門」（division form，第十四章）；當動人的文化是主宰的作用力時，組織是「群體船」（community ship，第十五章）；當衝突入侵是主宰的作用力時，組織是「政治競技場」（political arena，第十六章）。

這三種組織類型或許不像前四種組織類型那麼基本，但我們仍然必須了解它們。「事業部門」相當常見，它往往是「內建設定的機器」的一種延伸。「群體船」較不那麼常見，但從例子可以看出這種組織類型有多重要。「政治競技場」也一樣，這種組織型態往往是暫時性的，因為它可能太極端。

第十四章

類型V：事業部門

如果你在生產加拿大式輕艇（canoe），為何不同時生產愛斯基摩式輕艇（kayak）呢？兩者在材料、製程及客群上有許多相同之處，有助於擴大市場。既然如此，為何不生產輕艇用的槳呢？雖然材料不同，但客群是相同的。噢，浮動碼頭呢？畢竟，客群當中有一些會購買浮動碼頭。照這樣一直推論下去，你很快會開始生產破冰船啦！

這就是從不同產品到不同事業的多角化（diversification）之路，不僅許多公司走上這條路，多元部門和公共部門裡的組織也走上這條路。**多角化起始於相關產品或服務（從加拿大式輕艇到愛斯基摩式輕艇），終至不相關的產品或服務（破冰船），形成所謂的集團企業（conglomerate）**。多年來，大企業（尤其是美國的大企業）已經歷經一波波集團化浪潮，以及隨之而來的企業整併（參見後文討論）。

多角化會導致事業部門化（divisionalization）：隨著公司經營的業務日益龐雜，通常會傾向創建獨立單位（通常稱為「事業部門」〔division〕）來分別處理不同業務，這些單位會受到公司總部的監督（正如後文中將看到的，也有可能是疏於監督），並透過績效標準加以控管。「事業部門」的自治程度多寡，取決於工作性質差異：我們可以預期，相較於生產愛斯基摩式輕艇的事業部門，生產破冰船的事業部門可能擁有更多的自治權。

在一些政府或非政府組織中，事業部門制又稱為「聯邦制」（federation），例如加拿大是一個由多省組成的聯邦政府，紅十字會與紅新月會國際聯合會（International Federation of Red Cross and Red Crescent Societies）在世界各國設有近兩百個分會。[1] 由於事業部門制在商業領域最為常見，接下來的討論將以商業案例為主，直到本章最後一節才會談到非商業領域的情況。

外擴與購入

多角化與組織的成長及年齡增長有關。伴隨組織的成長，它在傳統事業領域的擴張機會可能減少；伴隨組織的年齡增長，經理人可能尋求既有事業以外的機會。因此，**有非常**

多大型公司最終會演變成某種版本的事業部門制，這絕非巧合。

從生產加拿大式輕艇到生產愛斯基摩式輕艇，就是所謂的「外擴」（expanding out）：從一個事業發展至另一個事業。當一家公司大量進行外擴時，組織會像結晶般成長，可以稱之為結晶式多角化（crystalline diversification），例如美國的3M公司（從製造砂紙，到製造種種黏膠與塗層產品），以及日本的松下電器（Panasonic，以製造傳統燈泡底座起家，現在則生產各種消費性電子產品）。基於源源不斷的創新，這些公司可以被視為「專案拓荒者」的先驅。

一個組織可以外擴，它也可以「購入」（acquire in）其他公司。有時這會被稱為合併（merger），但其實本質上就是收購，因為較大的公司吞併較小的公司。

發生於產業內部競爭者之間的收購（例如一家啤酒公司收購另一家啤酒公司），通常會被視為相關多角化（related diversification）。就策略角度而言這個說法或許說得通，但若從組織結構的角度來看，根本沒有「相關收購」（related acquisition）這種東西。完成收購的第二天，兩家啤酒公司的唯一共同點是「它們都釀製啤酒」，它們沒有共同的品牌、沒有共同的釀造方式、沒有共同的管理者、沒有共同的文化（不論是啤酒文化或組織文化）。這都需要雙方一起成長及整合，而且組織文化上的整合難度可能更甚於啤酒文化，需要花上幾年時間才能讓人員一起和諧的運作。如果兩家公司是對等合併，那麼難度可能又會更高，因為沒有任何權威人士有辦法強迫它們真心合作：也就是說，沒有所謂的女王蜂執行長（請參見下文專欄，那是一位養蜂人告訴我的事）。

如何進行合併？

當養蜂人希望合併兩個蜂群時，首要之務是提前幾天移出其中一隻女王蜂，以免雙方發生激烈衝突。接著，分別將兩個蜂群放進同一個箱子裡，雙方被一張戳了許多小孔的報紙隔開。若不用報紙隔開，牠們會直接開始相互攻擊；而報紙上的小孔，則是要讓牠們能夠嗅到彼此的味道。隨著報紙被蜜蜂們咬破，牠們的氣味逐漸互相融合在一起。當等到報紙完全消失時，兩個蜂群已經完成合併。透過這個方法，有時即使是不同品種的蜂群，也能一起繁殖後代。

內部多角化（internal diversification）的情形則剛好相反。如同孩子長大後會逐漸獨立，但父母與孩子間的關係並不會因此而斷絕。企業通常會傾向與分拆出來的事業部門保持聯繫，畢竟它們源自相同文化。

一家啤酒公司可以輕鬆的將櫻桃啤酒加入其產品線：從研發新口味、印刷新標籤到進行市場行銷，大部分工作都可以由現有的員工完成；但若是要新成立一個加味啤酒事業部門（包括櫻桃、香蕉、玫瑰等各種不同口味），上述工作就得由事業部門自行獨立完成。然而，彼此間的聯繫並未完全斷絕，畢竟人際關係還在。香蕉啤酒事業部門的貝蒂可以打電話去總部：「嘿，布魯斯，你能幫我解決這個問題嗎？」反觀亞瑟就沒那麼好運了，他隸屬被收購的啤酒公司，沒有在總部的朋友可以幫忙。

轉變為「事業部門」的四個階段

在商業領域中，轉變為單位型組織通會經歷以下四個階段。[2]

階段1、垂直整合（vertical integration）：我們的起點是一家沿著作業鏈（例如從採購到生產、到行銷、再到銷售）高度整合的公司，透過工作及產出標準化統一管理各鏈環之間的協調。在這個名為垂直整合的階段中（儘管示意圖通常是以橫向呈現），公司可以採取收購或內部發展的方式，在作業鏈的任何一端展開整合活動。如果我們的加拿大式輕艇公司收購一家克維拉纖維（Kevlar）製造商或一家連鎖運動用品店，收購完成後可能需要整合不同的文化，但組織依舊維持原有的功能式結構。

階段2、副產品多角化（by-product diversification）：當一家高度整合的公司開始尋求更寬廣的市場時，它可能決定在開放市場上銷售其中間產品，這就是所謂的副產品多角化。例如，輕艇公司可能銷售其生產的船軛給其他輕艇製造商；一家鋁業公司可能銷售在煉鋁過程中產出的化學副產品，甚至可能銷售其貨車上的多餘空間。這會使作業鏈產生改變：原本只要銷售輕艇的銷售人員，現在也必須向顧客銷售船軛；原本只要銷售鋁錠的銷售人員，現在也必須向顧客銷售化學品及貨運空間。但除此之外，組織結構依舊維持不變。

階段3、相關產品多角化（related-product diversification）：當副產品的銷售變得和原產品一樣重要時，就會進入下一個階段。我們的輕艇公司意識到自己正致力於發展船軛業務，於是設立一個「事業部門」來

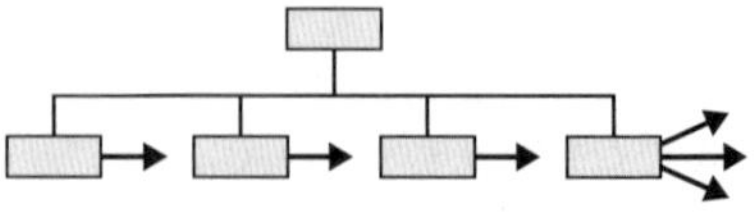

階段1、垂直整合

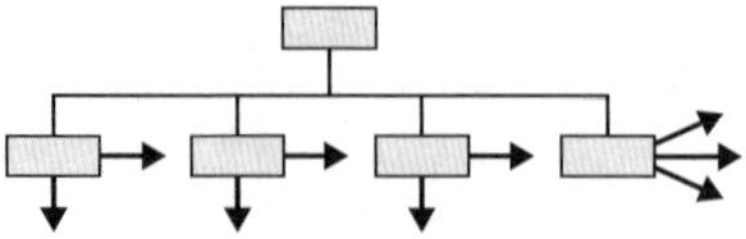

階段2、副產品多角化

專門負責這項工作，並賦予它較高的自治權。

階段4、集團多角化（conglomerate diversification）：最後一個階段發生在產品及服務差異化相當成熟時：我們公司生產的破冰船與輕艇完全無關（別理會那些認為「兩者同樣是船」的管理者），因此「事業部門」可以各自獨立營運。例如魁北克水電公司（Hydro Quebec）成立一個顧問事業部門，憑藉世界級的工程能力，向海外的電力公司提供顧問服務。

以上討論集中在產品及服務的多角化，但**公司也可以尋求顧客或營運地區的多角化**（例如將輕艇銷售給夏令營或英格蘭湖區的旅館）。這是一種較為有限的多角化型態，由於對所有顧客或地區銷售相同產品，所以總部往往傾向保有部分重要工作的控制權（例如總部負責設計，各區事業部門負責銷售），在某種程度上維持整合的組織結構。一些全球性零售連鎖店就是採行這種做法。

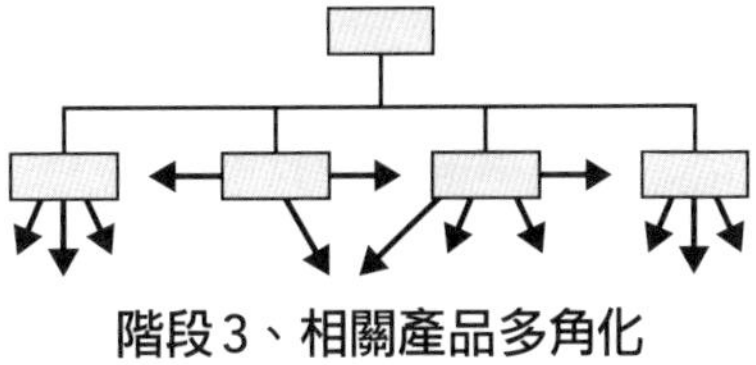

階段3、相關產品多角化

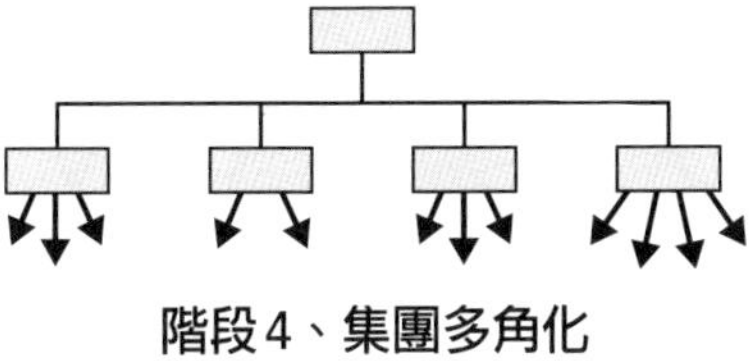

階段4、集團多角化

「事業部門」的基本型態

真正的「事業部門」在營運上擁有高度自主性（不論是部門與部門，或部門與總部之間皆是如此），主要只受總部分析人員的績效控管。分析人員會訂定績效目標並監控執行結果，這些控管措施理應不具干擾性，讓事業部門經理人自行營運其業務。然而，當相關措施不斷升級時，就會造成干擾。

然而，總部始終擔負著一些重要角色：「一、管理事業部門組合（亦即決定新增、保留、關閉或出售哪些事業部門）；二、指派並在必要時更換事業部門經理人；三、在各事業部門之間調動資金，優先挹注具有最大成長潛力的部門，並從較不具成長潛力的部門抽出資金（這類事業有時被稱為「金牛」）；四、為所有事業部門提供某些支援服務，例如法律諮詢、政府關係。誠如管理學者詹姆斯・奧圖爾（James O'Toole）及華倫・班尼斯（Warren Bennis）在論述聯邦組織結構時所言：「中央權威決定『為何做』及『做什麼』；各單位則負責『如何做』。」[3]這一切是否構成所謂的分權化呢？請參見下文專欄。

「事業部門化」就是「分權化」嗎？

關於這個問題，許多人會說「是」。但這個答案並不正確。

事業部門制在二十世紀初期開始流行。隨著採用功能式結構的大型企業邁向多角化經營，在協調不同業務的營運時開始遭遇困難（例如輕艇和破冰船的銷售）。改組為「事業部門」後，能讓經理人專注於各自的業務營運。然而，這樣做是否就能達到分權化的效果？若是和將大部分決策權留在總部相比，或許確實有些分權化的效果。但如果下放給事業部門的權力，主要是掌握在部門高階管理者手上呢？在一個有數千名員工的組織裡，由少數經理人掌握大部分權力，這絕對稱不上是分權化。若依第五章介紹的定義，**事業部門化可能導致一種相當有限的垂直分權型態**：權力只下放一個階層。

以下這個非常著名的事業部門化案例，就常被當成分權化。威廉・杜蘭特（William C. Durant）將大量汽車公司，例如雪佛蘭、別克、凱迪拉克等結合起來，創立幾乎沒有中央管理人員的通用汽車。艾爾弗雷・史隆（Alfred Sloan）於一九二三年接掌通用汽車後，認知到必須控制這些事業的負責人，因此打造出一個由總部財務控管的事業部門型組織。換言之，史隆並未將通用汽車分權化，相對來說反而是實現集權化。從此以後，「分權化」一詞就經常被誤用（最諷刺的是，在美國採用事業部門制會被稱為分權化；而東歐共產國家使用相似結構控管它們的國營事業，卻被西方社會稱為集權化）。

被推向機器型組織結構的「事業部門」

理論上，「事業部門」可以採用任何一種類型的組織結構；但實務上，有一種組織類型明顯比其他類型更受「事業部門」的青睞。

想像一下，如果麥當勞收購亞馬遜，這當然是不太可能啦，不過假設真的發生，不論業務差異性有多大，由於雙方都傾向機器型組織，這樁聯姻應該行得通。如果麥當勞收購的是蘋果公司呢？這恐怕不會是一個幸福的結合，對那些志在創新而不是製做滿福堡的蘋果工程師而言尤其如此。「專案拓荒者」無法在「內建設定的機器」控制下有效運作，總部分析人員寧可以犧牲創造力為代價，也要設法讓工程師提高效率；然而工程師需要的是自由，不是束縛。

第六章有個結論是：「一個組織受到的外部控制愈大，它的結構愈集權化與制式化」，這正是機器型組織的主要特徵（如第八章所述）。總部制定的績效標準，往往會促使「事業部門」組織結構制式化；要求事業部門負責人實現這些標準，又往往會促使導致事業部門集權化。因此，**事業部門制可能會將「事業部門」推向機器型組織結構**，即使它們需要的是別種組織型態。例如：專案工作的起起伏伏，可能令期待績效穩定成長的總部深感不滿。

傑克．威爾許（Jack Welch）成為奇異公司（General Electric）執行長後不久，他的一名顧問（該顧問讀過本書的早期版本）打電話問我：該如何管理與傳統燈泡事業相比更像靈活編組的「事業部門」（例如製造飛機引擎的公司）。我給出的建議是：指定它們直屬於威爾許管轄，別讓總部的技術官僚靠近這些事業部門。實際上，就是在總部使用一人作主結構，以保護這些事業部門。

我的另一個經驗尤其深刻的揭示這點。那是一家名為「Thorn EMI」的英國公司，是一個結合朱爾斯．索恩（Jules Thorn）原有的照明事業、ＥＭＩ音樂公司及另一個事業的企業集團。該公司的一位高階主管告訴我：「自從索恩離世後，沒人知道該如何經營這家公司。」看來，索恩似乎不是把這個企業集團當成典型的事業部門型組織來經營，而是專屬於他的「一人作主企業」。或許成功經營企業集團的唯一方法（至少就一段期間而言），就是找到一位英明的執行長，讓他選擇合適的事業，並讓合適的人去管理它們？

集團化的優點與缺點

企業集團的紀錄並不好，至少在美國是這樣。它們就像浪潮般來來去去，往往起始於成功企業家將一些公司組合起來進行多角化經營，最終則以倒閉收場。

那麼，企業集團為何會一次又一次的再度流行呢？或許是因為**有太多成功公司在本業上已經失去快速成長的機會，但市場分析師不斷在追捧能夠創造更高成長的企業，而這些公司的高階主管又相信自己有能力管理任何事業**。畢竟，像Google或貝翠斯食品（Beatrice Foods）這樣的明星企業，在市場上從來不乏投資人的追隨。貝翠斯食品旗下擁有四百個事業，從早年的乳製品，到租車、皮箱等，最終全都垮台。既然貝翠斯如此擅長從一個事業中榨取利潤，為何不從四百個事業中榨取利潤、為何不從跟風的投資人身上榨取利潤？

但也並非全無例外，例如奇異公司在開始整併前，以集團企業形式經營頗長一段期間。有時，企業集團在歐美之外的地方表現得更好（尤其是亞洲），例如印度的塔塔集團（Tata）在眾多事業上都相當成功。這是因為它的股權集中在一群家族信託基金手中，讓市場分析師難以介入？還是因為它優秀的執行長善於挑選各事業部門的領導者，並賦予他們相當大的獨立性，並且小心的讓他們融入集團文化？[4]

集團中的企業常被視為單一、功能式結構的企業，但是，從經濟發展的觀點來看，或許應該把集團企業視為一群有自己的董事會及業主的獨立事業。以下是企業集團的一些優點與缺點。

1. **資本的有效配置：**一方面，有人聲稱總部能夠更有效的了解旗下事業，並且更快速的在事業間調動資金。另一方面，有人主張投資人能夠更便宜、更快速的實現投資組合多樣化（不過別忘了，企業集團在收購事業時可能以溢價支付。）
2. **培養經理人：**讓事業部門負責人獨立營運，有助於發展他們的管理技能。然而，如果自主權對培養經理人如此重要，那麼賦予更多自主權不是更好嗎？事業部門經理人有個總部可以依靠，能夠彼此交流及幫助，而獨立的執行長只能從自己的錯誤中學習。有位知名企業家自詡為「去集團化者」，最後卻將事業部門賣回給它們的經理人，理由顯而易見：事業部門經理人了解他們所掌管的事業。[5]

3. **分散風險**：相較於所有雞蛋放在同一個籃子裡，開展多元事業有助於分散風險。不過風險也可能反向蔓延，例如核電事業部門簽下一只災難性的鈾料合約，導致整個集團破產。此外，當總部認為有能力扭轉一個失敗的事業時，企業集團可能隱瞞事業已經實質破產的訊息；反觀獨立企業失敗時，會被市場力量快速從經濟體系中清除。
4. **增進策略反應能力**：每個事業部門可以對其事業進行微調，而總部可以聚焦於整體事業組合。不過在總部持續施加壓力要求績效穩定提升的情況下，事業部門經理人可能不願意承擔無法快速獲得回報的風險；反觀獨立企業或許能找到有耐心的資本，使其能夠承擔創新所帶來的風險。哈佛商學院榮譽講座教授約瑟夫·鮑爾（Joseph L. Bower）的一篇論文中寫道：「產業的重大發展多半並非源自於主力企業，而是例外少數的企業。這些例外企業往往只生產單一產品，其最高管理者致力於實現真正的產品領導地位……相反的，多角化公司只能帶給我們一些漸進式的微小進步。」[6]

總結來說，**企業集團的優勢，可能會在成功解決所聲稱的問題（例如資本市場缺乏效率、獨立的公司的董事會力量薄弱等）後消失。嘗試管理一家不清楚自己該從事什麼業務的公司，結果往往會採取多角化經營。**[7] 無論從社會或經濟的角度來看，應該優先解決經濟體系缺乏效率的根本性問題，而不是要公司各自透過行政措施來克服這些問題（參見下文專欄）。

績效控制系統的社會效益

事業部門制中，績效評量高於一切。有些人可能覺得理所當然：「難不成數字會撒謊嗎？」是的，而且還經常撒謊。我們全都知道如何玩弄數字，有時也會被數字玩弄。[8] 而且數字解讀上常會出現扭曲。[9] 這可能嚴重影響組織所能創造的社會效益。

多年前我在〈探討惱人的「效率」一詞〉（A note on that dirty word efficiency）中，討論過「效率」一詞為何會變得如此聲名狼藉（試問有誰會期待一位「效率專家」的來訪呢？）。[10] 下面兩個問題有助於理解這個現象。第一，如果我說

「這家餐廳很有效率」，你首先會想到什麼？是服務速度嗎？大多數人都是這樣想的（至少在英語系國家是如此，在一些語言中，「效率」這個詞可能有不同用法）。為什麼不是想到餐點品質呢？（我父親說如果有人告訴他這間餐廳很有效率，他會對餐點品質感到懷疑！）

第二，如果我說「我的房子很有效率」，你認為這指的是什麼？大多數人說是指暖氣成本。但是，有誰買房子時考慮的是暖氣成本高低，而不是整體設計或當地學校品質呢？

你發現問題了嗎？當我們聽到「效率」一詞，就會潛意識的聚焦在最易於衡量的標準（例如服務速度和暖氣費用）。「效率」被限縮為「可衡量的效率」，這就是問題所在，並會導致三個重要後果：

1. **由於成本通常比效益更容易衡量，效率往往淪為盲目撙節**（亦即以犧牲不易衡量的效益為代價，盡可能刪減可衡量的成本）。例如：有些政府選擇刪減醫療及教育成本，導致不易衡量的服務品質日趨惡化（再重複一次：我們能否真正評量一個孩子在教室裡實際學到多少知識？）有些執行長則是選擇刪減研發或維修預算，好讓自己賺到更豐厚的分紅。還有，別忘了第一章提出種種方案要讓交響樂團變得「更有效率」的商學院學生。

2. **由於經濟成本通常比社會成本更容易衡量，效率可能加劇社會問題**。只要你不在乎空氣、音樂和心智品質受到汙染，要讓一間工廠、一個交響樂團或一所學校變得更有效率，自然是非常容易的事。

3. **由於經濟效益通常比社會效益更容易衡量，效率可能驅使我們養成輕視品質的心態**。為了效率，我們選擇吃速食，而不是更健康的食物。

所以，我們應該更謹慎看待效率、效率專家，以及有效率的教育、醫療和音樂，還有任何迷戀評量的組織。也應該小心於使用平衡記分卡（balanced scorecards），不論它的意圖有多良善（除了財務目標外，還要關注社會目標及其他目標）[11]，因為這些工具都傾向那些最易於評量的東西。還有，下次再聽到有人說：「如果你無法評量它，你就無法管理它。」你可以問問他們，可曾有誰成功的評量文化、領導力，甚至是管理本身？可曾有誰評量過那些評量是否有效，而不是直接假定它就是完美做法？不論你能否評量它，你最好還是管理它。

企業、政府及非政府組織所做的每一件事，都產生經濟性與社會性的影響。經理人愈是受到績效控制，就愈可能輕忽自身行動所帶來的後果。這就是為什麼事業部門制可能導致經理人對社會性後果不敏感，甚至是不負責任。在我看來，這是現今組織世界所面臨的最大問題之一。

非商業領域中的「事業部門」

當商業界開始採用某種新的組織架構方式，政府機關往往會跟進仿效。事業部門制自然也不例外，包括喜歡透過績效評量來進行控管的傾向。

促成這種趨勢的關鍵在於：**政府就像是極致化的企業集團**，交通、衛生、教育、財政等部門全都需要層層上報，最終由政府高層掌控。**就連許多政府部門本身也像個企業集團**，以交通部為例，幾乎每個國家都有一個交通部，這聽起來沒什麼問題，但請告訴我：路上的汽車監理、空中的飛航管制、海上的船舶巡查，除了都是移動中的運輸工具外，這些業務還有什麼共同點？

為何政府要設立這些不自然的單位？也許是基於限制整體規模的考量。如果交通部分成三個部門、每個部門都有自己的部長，而其他部會也都比照辦理，那麼內閣將變得難以管理。與其如此，還不如讓各部會變得難以管理。因為大多數經理人都精力旺盛，他們會設法找事情做，例如增加新的績效評量指標，或是把完全不相關的事業部門負責人找來開會，探討某種根本不可能存在的綜效。

針對政府管理的問題，近年流行一種名為「新公共管理」（New Public Management）的解決方案，無疑是在火上澆油。這個理論主張讓經理人各自管理政府部門（用流行說法就是讓他們「當責」），並要求他們達成中央技術官僚施加的績效目標。換言之，就是採用事業部門制。

但新公共管理並不能解決問題，原因有三。第一，政府目標具有顯著的社會性，往往缺乏可行的評量方法，若採用制式績效評量會損害服務品質；第二，政治人物最終必須向大眾負責，所以一旦出現危機就會直接介入干預，影響經理人的當責；第三，市場力量能淘汰失能的公司，卻沒有任何機制能淘汰失能的政府部門。於是，情況只會愈來愈糟糕。

思考一下，過度的績效評量會帶來哪些傷害？以公共教育領域為例，使用選擇題評量確實很有效率，但將扼殺孩子的想像力。至於在醫療保健領域，一位英國高階公務員被問到他的衛生部門為何要做那麼多評量時，他的回答是：「當我們不清楚實際情況如何，除了評量我們還能做什麼？」何不走出辦公室，去外頭看看實際情況如何（例如你的評量可能正導致專業人員瀕臨崩潰）？

當多元部門使用事業部門制時，同樣適用上述結論。在多元部門中，有許多組織（例如慈善組織、非政府組織、基金會等）是以服務社會需求為宗旨，這使得它們很難採取傳統的事業部門制，尤其是高度仰賴數字控管的企業集團型態。相較而言，採取較為有限的多角化型態（例如根據地區來劃分）可以運作得更好，例如紅十字會與紅新月會國際聯合會在各國設立分會。

在美國，有一些商學院會在其他國家創立分校，也有一些醫院會在其他城市創立分院，以擴張其影響力。然而，相較於創立後就放手讓分校獨立營運，一直讓它們待在機構的大傘下真的會比較好嗎？

總結來說，**企業集團是最極端的事業型組織型態，就像是站在懸崖邊緣的組織結構，再往前一步就可能粉身碎骨；後退一步的安全地帶，則是較為中性的事業型組織型態（相關產品多角化、副產品多角化、按地區劃分）**，能夠取得一些綜效，但沒有那麼多績效評量。

第十五章

類型VI：群體船

雖然所有組織都會受其文化（或缺乏文化）影響，但有些組織的文化對其成員（他們不僅僅是員工而已）具有如此強大的吸引力，以至於拉聚的力量占據主導地位。這裡選擇用「群體船」（Community Ship）這個名稱，意指這類組織如緊密結合的群體般運作，與其他組織截然不同。例如海上的船隻，可以採取團結一致的行動來尋求保護，就像緊密排列成一圈以保護小牛的麝香牛群；也可以向陸地上發送訊息，宣揚它們所希望促成的改變。然而，請注意「群體船」與「實踐社群」（community of practice）是不同的概念。實踐社群是擁有共同興趣者彼此連結以分享經驗的團體，屬於一種實踐網絡。

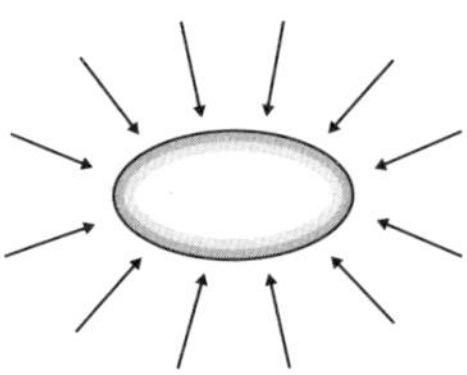

「群體船」示意圖

「群體船」的基本結構

這種具有承諾性組織的協調方式，是倚賴「規範的標準化」，而不是直接督導、相互調整或其他形式的標準化。與其說成員遵循組織規則，倒不如說它們忠於「使命」：由共同社會信念或意識型態所構成的引力，無論這個使命是感化異教徒、推行風力發電以逆轉氣候變遷，還是贏得冠軍獎盃。

除此之外，「群體船」幾乎沒有什麼特別的結構，別期待能在這裡找到一大堆規章、制度與階層。「一人作主企業」至少還有個人負責掌控一切，在「群體船」上，從某種意義上來說，掌舵者其實是既有的組織文化。一群成員在這樣的文化中齊心協力，沒有太多職務分工，部門及地位上的差異也相對較少。

因此，**「群體船」是所有組織中最分權化的**一種，**權力平均分布程度高於任何其他組織類型**。一旦被組織接納，每個成員都受到尊重，並預期會為組織利益而行動，除了規範標準化外，並不需要太多控制。然而弔詭的是，**「群體船」是所有組織中最具控制性的一種**，因為在這裡，隱含的規範不僅指導人們的行動，同時也擄獲他們的靈魂。

在以色列原始型態的基布茲（將農莊與社區合而為一的集體農場）中，所有東西（包括汽車）都是共享的，就連管理職務也是輪流擔任。難怪當他們專注農業生產時，成員白天工作，晚上一起做決策，堪稱一艘運作良好的「群體船」；但當他們轉向工業生產後，表現就明顯不如預期，因為工業需要更專業的分工以及協調機制。在另一艘「群體船」上，因贊助沙克疫苗研發而聞名的小兒麻痺基金會，則為了避免出現管理精英，不允許醫師在其地方分會擔任管理職。[1]

品質方面，在機器型組織中，有一些分析人員負責品管；在專業型及專案型組織中，每個專業人員或團隊都很關心自己的工作品質，但可能不願評判其他人的工作品質。在「群體船」這種使命型組織中，人人關心每一個人做的每一件事的品質。

在這裡，領導者是為群體精神（communityship）服務的。人們期待領導者詮釋組織使命，但不去改變它。就像蜂巢裡的女王蜂：「她不發號施令，她只是服從，溫順一如她最謙卑子民……我們稱之為『蜂巢精神』。」[2]然而她的存在（透過釋放化學物質）能使蜂巢裡所有成員團結在一起，並激勵牠們的行動。在「群體船」中，我們稱之為實質文化（substance culture），是人類版的蜂巢精神。

「群體船」之所以能夠維繫使命，是透過審慎選擇新成員，並進行非制式的社會化與教化。例如新成員加入一個宗教或一家日本傳統企業後，都要經歷長時間的學習，學習在組織中應有的表現。在此之後，成員不需被正式「賦權」就能自然的投入其中。但他們仍會時時相互提醒，不論做什麼都應該要「正確」，應該要符合行為準則。

當單位規模還小時，群體精神較容易維持，因為許多發展取決於人員接觸。當這種組織成長到成員無法輕鬆維持這種聯繫的規模時，它會像變形蟲那樣自我分裂，分裂出與原組織極為相似的複製體，而不是劃分成不同部門。正如以色列的基布茲成長到一定規模後，通常會採取的做法。

一艘典型的「群體船」

多年前我曾經多次造訪邁拉達（MYRADA，全名為Mysore Resettlement and Development Agency），這是一個位於印度的非政府組織，其使命為：透過貧困農村的婦女自助團體，建立屬於當地人的組織。[3]

我們造訪幾個村落，不論精神或活動情形都大致相同。十幾名村中婦女穿著整套紗麗，在一間房屋中席地而坐，彼此親密的程度不亞於我所見過的任何團體。我們坐在地板上，面對她們，聆聽她們。每一次，這些婦女的活力與熱情，她們的自豪、好奇心及自信，總是十分令人難忘。（在此同時，屋外的男人們像一群貓似的在外面悠閒溜達，偶爾朝屋內看看裡頭的情況。）

她們解釋邁拉達如何教會她們自我組織、採取行動改善生活、教育孩子、處理懷孕問題，創立小型事業。在當時，光是學會如何簽名這樣簡單的事，就能讓這些婦女從銀行取得一筆貸款，購買一頭牛。

這些團體通常是由一名婦女發起，她先在邁拉達接受培訓，然後返回故鄉組織團體。另一名婦女則是受訓擔任簿記工作。但在這些團體中，每一個人都有強烈的共同參與感。

聽完她們的說明後，我們開始提問。看到其中一位婦女在記錄討論內容，我們當中有個人詢問她們要用這些筆記做什麼，她們說她們會在之後的會議中仔細討論每一段內容。有人問道：「妳們從與外界隔絕家中走出來，參與這樣的團體，妳們的丈夫是如何反應的呢？」一位一直相當安靜的婦女主動發言，她說她起初不敢參加，但在她買了一頭牛，並為家庭創造一些收入後，她的丈夫開始鼓勵她繼續參與。時至今日，她們鮮明的形象依然在我腦海中歷歷在目，這是一個「群體船」絕佳案例。

「群體船」的類型

從上述內容可以看出，**「群體船」最有可能出現在多元部門之中**。如果沒有來自社會大眾或企業股東的壓力，使命將更容易脫穎而出，因此我們能夠看到宗教團體、基布茲及邁拉達的例子。不過，也有一些企業、甚至是政府機關能夠擺脫常見的控制，追求崇高的使命。日裔學者野田（Mitz Noda）將二次大戰後日本企業的傑出表現歸因於：「強調團隊合作、團體決策、終身雇用制、統一的基本底薪和獎金」，因此能夠鼓勵「團隊努力，而非單方面的領導。」[4]

我們可以將「群體船」區分為三種類型。**改革者（reformers）尋求直接改變世界**，像是拯救氣候危機或者推翻一個政府。**教化者（converters）尋求改變他們所吸收的成員**。例如：戒酒無名會（Alcoholics Anonymous）是教化者，而基督教婦女禁酒聯盟（Women's Christian Temperance Union，旨在終止美國酒精飲品消費市場）則是改革者。**修行者（cloisters）把自己封閉起來**（例如遠離邪惡的飲酒世界），以便追求另一種生活型態，就像在某些邪教中那樣。修行者是最封閉的「群體船」型態，因為它們除了控制成員行為外，對其他事物完全不感興趣。

以色列的基布茲在創立之初是為了成為「改革者」，幫助以色列人在這片古老土地上安頓下來，建立一個具有社會主義理想的新國家。但建國前處於充滿敵意的環境中，它們必須採取「修行者」型態來保護自己。然而，在正式建國後，它們就成為「教化者」，設法吸引新移民的加入，並在現有的基布茲過大時，分離出新的基布茲。值得注意的是，儘管基布茲在以色列早期政府中影響力很大，但參與者規模從未達到以色列總人口的一○%。隨著以色列經濟的發展，許多基布茲被迫工業化，不得不放棄過去純粹的社會主義及群體精神。

「群體船」的利與弊

這些組織令人著迷，好壞參半。它們孕育出一些最激動人心的組織運動，同時也見證一些最嚴重的人權侵犯。深深植根的信念可以使一個組織取得非凡成就，也可以將其拖入駭人深淵（看看過去乃至現今發生的一些民粹主義運動）。**「群體船」能夠激發我們，也能夠奴役我們，有時兩者之間甚至難以分辨**。在本章首頁的示意圖中，向內的箭頭構成一個環繞組織的保護光環，同時也指向可能發生崩潰。

介於被孤立和被同化之間

若說「事業部門」是站在懸崖邊緣，那麼「群體船」就是背負著使命行走過一段狹窄山脊，一側面臨被孤立的危險，另一側則面臨被同化的危險。

尤其是修行者型態，可能在尋求自助的過程中日益走向孤立，但是任何組織都無法成為一個完全封閉的系統，因為所有組織都需要一些外界的輸入，最起碼也需要不時招募新的成員。然而，若與外界保持連結又會有被同化之虞，也就是因為與外界接觸而遭受汙染，這麼一來組織得以延續，但當它無法保持原本的純粹，就不再是一艘「群體船」。

介於群體智慧和團體迷思之間

有兩個流行的相反理論可以幫助解釋群體船的利與弊。詹姆斯・索羅維奇（James Surowiecki）在其著作《群眾的智慧》（*The Wisdom of Crowds*）中寫道：「在合適的情況下，團體非常聰慧，往往比他們當中最聰慧的那個人更聰慧。」[5]在《團體迷思》（*Groupthink*）一書中，作者艾爾文・詹尼斯（Irving Janis）指出，在緊密團結的團體裡，人們往往喪失創造力、獨特性及獨立思考。[6]群體船存在這兩種現象。

改變文化

組織心理學家卡爾．韋克（Karl Weick）曾寫道：「一個公司不是**有一個文化**，一個公司本身就**是一個文化**，這也是它們如此難以改變的原因。」[7]不僅公司如此，想像試圖改變任何一個意圖改變世界的群體船的文化、但不改變其使命該有多困難。

動人的文化傾向消除任何對它們構成挑戰的政治活動，這樣的組織認為員工不該私下結盟，不該囤積預算，不該揭發自己的同事。當然啦，推銷策略選項是可以的，「群體船」中也常見逞威風的情形，也就是成員對他人賣弄他們的文化。在這種組織中，成員對組織使命做出解讀時，可能引起衝突，當各方聲稱自己的解讀更純正時，衝突可能變得相當激烈。不過，成員對一點相當有默契且謹慎：這些衝突只能在內部，不能讓外界看見。研究猶太教法典《塔木德》的學者們對於古籍內容詮釋往往爭論得很激烈，但面對外界時還是會擺出團結一致的陣線。

第十六章

類型VII：政治競技場

喜劇演員洛尼．丹吉菲爾德（Rodney Dangerfield）曾經打趣的說：「前幾天晚上我去看拳擊賽，最後卻爆發成一場曲棍球賽。」衝突存在於每一個組織之中，從立場不同、個性不合，到利害關係人希望爭取最大利益，任何這類因素都可能引發政治糾葛，並將整個組織捲入其中。即使是完全受到控制的機器、大權在握的創辦人，或是根深柢固的組織文化都可能面臨這種挑戰，不論是因為有人圖謀私利，或是出於基本情勢的改變。

當衝突的力量占據主導地位時，可以將組織形容為一個「政治競技場」，就像一群螃蟹揮舞著雙鉗，在桶子裡彼此爭鬥。**隨著政治遊戲在組織中蔓延，正式權威往往會遭到奪取、架空或利用**。隨著各種利害關係人的湧入，衝突範圍可能從有目標的集中對抗，演變為遍地烽火的無目標混戰。

我們都知道，有許多國家深陷於政治糾葛之中，甚至因而導致內戰。在商業上也是如此，有個家族企業是由兩兄弟掌管，一人負責生產，另一人負責銷售，我聽說兩人關係已經差到雙方完全不再交談，你可以想見這間公司在營運上會發生什麼問題。

組織中的衝突可能是逐漸發展而成，也可能是突然爆發，一旦爆發衝突，通常其他衝突就會一個接著一個發生。當然，比起公開對抗，檯面下的衝突往往持續得更久（看看議會裡的辯論就能明白）。沒有任何組織能夠一直維持全面性的「政治競技場」型態，除非有它具有某種人為的優勢地位，因而能夠彌補損失（例如一個擁有穩定經費的政府機構，或是一家在市場上取得壟斷地位的企業）。我曾經參與一個委員會，它的目的是試圖調解大學經濟系中左派與右派之間的爭端。我去他們的辦公室觀察過，其中一位當事人的辦公室門上貼著有關這場爭端的報導，看著那張泛黃的紙，不難想像兩個陣營已經持續交戰多久！

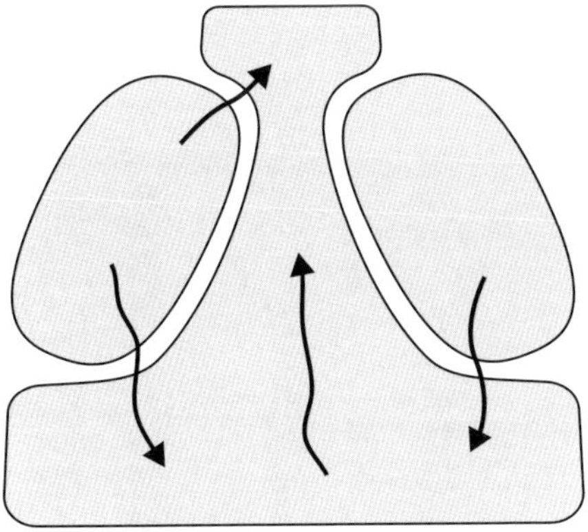

「政治競技場」示意圖

基於以下幾個理由，本章內容比較簡短。第一，沒有必要敘述這種類型的組織結構，因為**「政治競技場」沒有結構**，至少沒有制式結構（在那些政治遊戲裡，確實有非制式的結構）。事實上，**其他六種組織類型各有一種主要協調機制，但「政治競技場」的特徵是沒有任何一種主要協調機制**。畢竟在政治交戰中，協調無用武之地。

第二，不需要討論「政治競技場」的缺點，因為它的缺點早已廣為人知；相對而言，大家比較不清楚它的優點，這將是本章剩餘篇幅的焦點。第三，「政治競技場」通常是暫時性的，它更像是一個階段而不是一種組織類型。第十九章會詳細探討「政治競技場」在各種組織類型轉換時所扮演的角色。

「政治競技場」的優點

在與組織有關的文獻中，最常被提出的疑問大概莫過於：「我們如何改變這個組織？」但我從來沒有聽過有人的回答是：「讓這個組織變得更政治化。」**當既有的權力、專業、文化等力量壓倒組織變革能力時，政治或許能讓組織繼續走在變革的道路上**。組織必須先被拆散，然後才能重新進行組合，這時「政治競技場」就是我們的救星！

大家都很清楚政治可以帶來多大的分裂力量，正如同過度的文化可能導致一個組織內爆，過度的衝突也可能造成一個組織外爆。但我們還必須清楚意識到，激烈的衝突不僅可以阻止組織內爆，還可以阻止組織外爆。我們在第十三章已經介紹過政治手腕對組織的建設性功能，接下來要探討透過政治手腕擊潰組織的好處，尤其是以下兩點：

第一，當既有權力秩序已經不再有益，「政治競技場」或許能夠將它排除。換句話說，當制式權力變得有害（例如過度的控制、過時的專業、脫離現實的領導、內耗的組織文化），激烈的衝突有時可能是將它排除的唯一途徑。

因此，不論「政治競技場」本身的力量有多麼非制式，它可以作為從一個制式權力體系過渡至另一個制式權力體系的功能性橋梁。就如同無政府主義者可以潛伏在每個社會中，當多數人受到政府壓迫時，成功煽動革命；政治可以潛伏在每個組織中，成功推動被普遍認為必要、但一再受阻的變革。

第二，當一個衰弱的組織無可避免走向垮台，「政治競技場」能夠加快垮台的進程。當組織陷入嚴重困境，小型組織可能快速消失（例如公司破產），但大型組織擁有許多具有影響力的利害關係人（例如股東、經理人、工會等），能夠採取行動來延續這些組織的存活時間（例如遊說政府提供紓困）。從社會的角度來看，這些組織愈早垮台愈好。政治行動者就像是蜂擁而至的食腐動物，可以加速資源再利用的過程。

我對組織政治沒什麼興趣，也不想在一個「政治競技場」中工作（有些事經歷一次就夠了）。但我承認（也希望我能說服你承認），這種組織類型和其他類型一樣，在我們的社會中扮演某種建設性角色。政治型組織可能讓我們感到惱怒，但也有時也可能為我們帶來莫大幫助。

講到這裡，七種組織類型和左右組織運作的七股作用力已經介紹完畢。接下來，我將探討它們如何運行。

第六部

平衡跨類型組織的作用力

有人說這世上的人可分成兩種類型：一種是「相信這世上有兩種類型」的人；另一種是「不相信這世上有兩種類型」的人。我不太確定是否真是如此，但我確實知道這世上有兩種類型的人：一種是「統合者」（lumpers），另一種是「分割者」（splitters）；前者喜歡做綜合，後者喜歡做分析（最早提出這個區分的人是達爾文[Charles Darwin]）[1]。統合者根據現象的相似性來建立分類；分割者聚焦於分析差異性，他們喜歡把完整的東西拆解開來，仔細分析（有時，他們也可能會把統合者大卸八塊）。

你可能已經注意到了，我是個十足的統合者，在本書中將組織綜合為七種類型。至於本書的原始版本則是從分割者的角度，批評該書中的統合工作；有位學者甚至用「麥基爾狂」（McGillomania）來形容那本書以及丹尼．米勒（Danny Miller）的相關論述。[2]不過，實務界經理人通常傾向更支持統合派，畢竟，他們得繼續過他們的日子，而不是去分割理論。

將事物做統合歸類雖不完美，但有其好處，它將複雜性簡化，以迎合我們期待的秩序感。透過統合歸類，我們可以迅速且方便的了解組織（當然啦，這麼一來也可能會造成誤解）。當一個組織或多或少吻合某一種類型時，經由統合歸類得出的理論可以幫助我們管理組織，例如對於發生的問題提出可能的原因。事實上，如果沒有統合歸類，我們便無法運作。畢竟，詞彙原本就是經由統合歸類而產生的，（統合者、分割者、麥基爾狂，這些詞彙不就是一種統合歸類嗎？）沒有這些歸類而來的詞彙，我們可能仍然在洞穴裡對著彼此咕噥，不清不楚的比手畫腳，而且沒完沒了。所以，**為了釐清、了解、診斷、開處方，我們需要做統合歸類**。

透過統合建立類目後，多數事物能被歸屬在符合的類目，然而，也有一些事物未必符合這些類目。因此，我們不能忽視統合的有限性，一如我們不能忽視分割的益處，在黑與白的分類之間，總有灰色地帶。因此，在本書中，我想提出的觀點是：**我們的統合工作必須用分割來加以調整；換句話說，我們必須透過跨類型的作用力來思考組織類型**。事實上，一路下來，我們已經看到許多無法歸類於某種組織類型的特殊組織，例如美式足球隊是典型的機器型組織，但足球隊球員需要接受大量訓練；專案型組織需要財務總監來控管公司事務，以防止種種不可預測的變化失控到難以收拾的地步。

當然，跨類型的組織並不意味著是一種畸形，而是現實，是組織中自然會發生的事。我們可以再回到本書第三部開頭使用的菱形圖，正如該圖所示，它們出現於三個層面，分別為：第十七章探討的「錨定」（anchored）；第十八章介紹各種「混合」（hybrids），通常出現在當兩種或多種作用力以某種動態平衡共存的時候。此外，由於組織不會一直維持不變，因此第十九章將介紹組織「轉變」（transitions）的生命週期，說明當一股作用力勝出，或是多股作用力互相結合，就會取代原本的支配作用力，於是也促使組織轉變為另一種類型。這三章建構出菱形圖裡的空間，四種基本組織類型分別位於四個節點，而作用力將說明它們該如何改變。

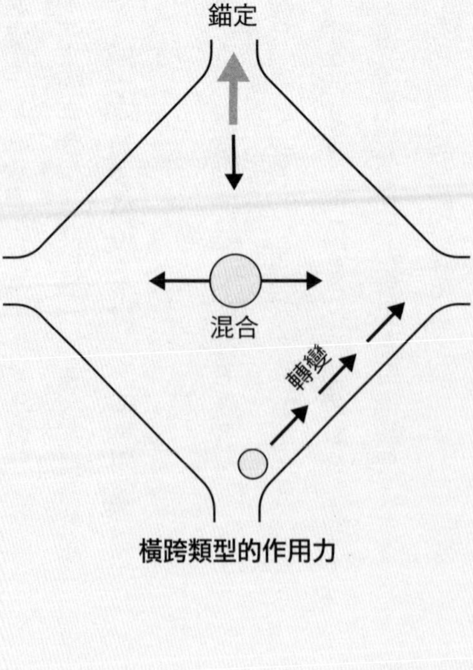

橫跨類型的作用力

第十七章
讚揚錨定

首先，我要告訴你一個壞消息：前文介紹的七種組織類型，不僅在真實世界中全都不存在，而且也不應該存在。這些類型之所以不存在，是因為它們只是存在於紙張上或螢幕上的文字與圖表而已；換句話說，它們是用來描述現實，而不是現實本身。它們之所以不應該存在，是因為每個組織都充滿不容忽視的細微差異、複雜因素及種種矛盾。不過，別因此就立刻闔上本書，請聽我向你進一步說明。

我們先來看圖17-1，沒錯，又是這個菱形圖，但你會發現圖中只留下一股作用力，至於其他作用力則被移除了。在沒有其他作用力的制衡下，剩餘的這股作用力可能會強大到把組織推向外太空，導致組織整個失控。一個機器型組織可能效率高到令所有顧客及員工抓狂；一個專業型組織也可能因為太過重視專業人員的精準技能，因而忽視講求效率方面的需求（畢竟對於一家醫院而言，汙穢的床單造成的致命性，可能不亞於一場草率疏忽的手術）。這意味著四種單一的組織類型全都不盡完美。

我們必須讚揚不完美。因為每種組織類型都包含著自我毀滅的種子，因此相較於單一的組織類型，錨定組織會更理想。所謂的錨定，指的是有其他的作用力制衡主要支配作用力。許多組織相當符合四種基本組織類型中的一種，但為了組織能夠有效運作，最好不要太接近於某種基本類型。因此，我們不需要丟棄不完美的組織類型，只需要確實了解它們的局限性即可。

接下來，我將援引丹尼．米勒的研究，說明僅由一股作用力支配的四種基本組織類型將如何失控，接著探討為什麼會發生這種情況；主要是因為支配的作用力汙染（contaminate）了組織，阻礙組

圖17-1　一股作用力支配一種組織類型

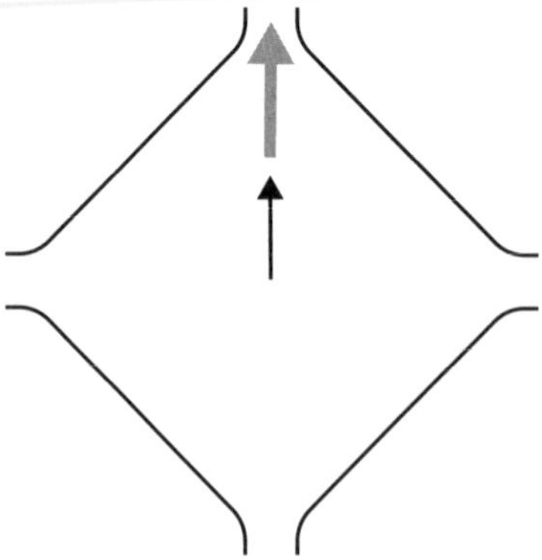

織使用其他必要的作用力。這又將引出牽制（containment）作用，使得主要支配作用力受到一或多股其他作用力的牽制。

卓越的危險性

丹尼．米勒在著作《伊卡洛斯悖倫》（*The Icarus Paradox*）中，敘述將成功的企業導向失控的四條軌道；你也可以將其看做是邁向卓越之路可能遭遇的危險。[1]這四條軌道相當貼切的對應前文提到的四種基本組織類型：

- **一人作主型組織**：透過「創業（venturing）這條軌道，可能把成長導向的創業型建設者（Builders），也就是由富有想像力的領導者、創意企劃及財務人員管理的公司，轉變成衝動、貪婪的帝國主義者（Imperialists），他們會忙亂的擴張、進入自己不熟悉的事業領域，導致自身資源嚴重超過所能負荷的程度。」
- **機器型組織**：透過「脫鉤（decoupling）這條軌道，可能讓擁有強大行銷技巧、知名品牌及廣大市場的銷售員（Salesmen），轉變成漫無目的、繁文縟節的流浪漢

（Drifters），它們對於銷售的盲目迷戀，導致對於設計層面的忽視，因而生產出了無新意、雜亂無章的跟風產品。」

- **專業型組織**：透過「聚焦（focusing）這條軌道，把一絲不苟、品質導向的技匠（Craftsmen），例如擁有技能出色的工程師、一個無懈可擊的組織，變成僵化的控管、細節控的修補匠（Tinkerers）。在這樣的狹隘技術官僚文化下，即使推出完美的產品與服務，卻不切合顧客的實際需求，導致與顧客漸行漸遠。」
- **專案型組織**：透過「發明（inventing）這條軌道，把擁有優異的研發部門、靈活的智庫作業，以及先進產品的組織拓荒者（Pioneers），變成不切實際的逃避現實者（Escapists），被混亂無序、揮霍資源去追求極其浮誇、未來主義派的科學家們把持。」[2]

米勒和曼弗瑞．基茲德瓦里斯（Manfred Kets de Vries）在其著作《神經質組織》（*The Neurotic Organization*）中敘述每一種類型的組織可能罹患的疾病：一人作主型組織變得小題大作；機器型組織變得有強迫症；專業型組織變得偏執；專案型組織變得精神分裂。此外，事業部門型組織可能變得抑鬱。[3]

汙染的危險與牽制的益處

四種單一組織類型的優點是和睦、一致性，以及適合自身狀況。這意味著每個組織本身就是一種文化，組織成員清楚組織結構及流程，他們能夠容易且連貫的執行他們的工作。

但是，當單位必須執行的工作不太合適這種組織結構時，就可能會出現「汙染」（contamination）。例如，在一個機器型組織中，研發實驗室接到指令必須創造新產品，這時組織中其他單位可能會試圖讓研發實驗室符合原有規範。**單一組織類型的缺點就是經常會顯得格格不入，組織中主導的支配作用力往往會排斥其他作用力，並且視它們為不正當。**這就像是要在一個靈活的組織中建立一個科層單位，或是在一個科層制組織中建立一個靈活的單位一樣困難。

好吧，為了解決這個問題，這個機器型組織乾脆把它的研發實驗室搬遷到郊區，相信距離能夠保護它免於受到總部的控管。呃，可是鉛或許能阻隔輻射，但它能阻擋一個堅定的技術官僚嗎？早上九點，財務總監突然來訪，到處看了又看，說：「人呢？怎麼都沒人？這些有才的人難道就不能像公司的其他人一樣，早上八點半開始準時工作嗎？」（事實是，他們為新軟體奮鬥到今天凌晨兩點才離開呢。）

當然啦，有人會說，「汙染」是一個組織為了做到一致性而必須付出的代價，畢竟，沒有一個組織能做到事事迎合所有人，與其讓組織的焦點模糊、混淆，不如專注於清晰、明確，勝過分散與困惑。確實是如此，但我們或許可以善用牽制(contamination)的力量。**由於某股支配作用力的汙染可能會對單一類型的組織播下毀滅的種子，因此必須有其他一個或多個作用力來牽制那股支配作用力，將它錨定不動**（參見圖17-2）。

雖然，任何其他作用力都可以造成牽制的作用，但針對每一種組織類型的支配作用力，都有一股最適合用於牽制它的作用力。以一人作主型組織和專案型組織來說，效率這股作用力最能牽制個人權力過大或放縱的創造力，因此，沒有什麼比設立幾位技術官僚更能在這兩種類型的組織中造成牽制

圖17-2　一股作用力被另一股作用力所牽制

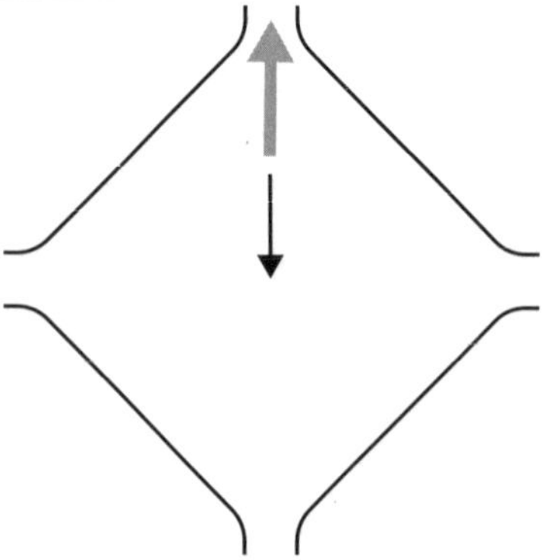

作用。在機器型組織、專業型組織、事業部門型組織，以及使命型組織中，程序、規章、目標或信念可能變得太緊箍，為了調適，可能需要協作這股作用力來予以平衡，因此最能起開放作用的莫過於一、兩支創意團隊。

文化和衝突也可以成為相互制衡的作用力。例如在一家擁有動人組織文化的醫院，可能會鼓勵醫師們彼此協作；在一家新創公司，揭發內部不當行為的吹哨人或許能限制領導者的不當行為。所以，當你每次在思考菱形圖時，請務必將目光越過角落的節點，凝視在菱形空間中潛伏的作用力。

第十八章 向混合致敬

生物學家說，世上許多有趣的事物發生在邊界地帶，像是樹林與草地的交界處、陸地與海洋的交界處。當生命有機體遇上動態環境，便產生無以計數的種類……但也同時存在緊張狀況，例如草地上的植物群在靠近林地時，得應付不利生存的環境，陽光可能被林木遮蔽，土壤不合適它們生長……。總之，邊界地帶充滿各種生命，但每種生命形式必須奮力求生。[1]

——節錄自雷・拉斐爾（Ray Raphael）

《邊界地帶》（*Edges: Human Ecology and Backcountry*）

為了有效運作，有些組織需要兩股或多股作用力共存，或是可能不確定該傾向哪一種

作用力。不管如何，最終它必須在不同的作用力之間維持動態平衡。換句話說，當組織必須在不同作用力交會的邊界地帶運作，就是**組織世界中的混合型組織**。

我曾用本書先前的版本作為授課教材，請學生分組研究社區中的組織。等學生完成研究後，我發下一張疑問清單（與第十一章的專欄「這是哪種類型的組織？」相似），請他們根據清單，將想研究的組織進行歸類，結果有近半數的組別（一百二十三組中有五十七組）指出，他們想研究的組織無法單純歸類為單一類型組織，而是混合型組織，他們甚至提出多達十七種版本的混合類型。同樣的，當我詢問參與研習的經理人，認為自己所屬的組織偏向哪一種類型時，有些經理人會選擇某種單一類型（通常是機器型組織），但約有半數的人會選擇混合型。

限制組織類型的分類數目或許會有幫助（七種就夠多了），但我們無法限制混合型的數目，任意兩種或多種類型都能結合成一種新的類型，例如前文提到過的行政型靈活編組制、活潑的科層制、一人作主型集團、專業人員專案型（例如無國界醫師組織）。儘管如此，**我們可以區分出兩種主要的混合型類型：結合型混合（blended hybrids），指整個組織中有兩種或多種作用力共存；組合型混合（assembled hybrids），指組織中不同單位採用不同類型的組織**。

結合型混合：不同類型的混合體

最常見的型態是個人領導與其他力量間的混合體。例如交響樂團是指揮個人領導（一人作主型）與演奏家專業（專業型）間的完美結合。當年賈伯斯領導的蘋果公司，則是個人領導加上大量專案探索（專案型）。當組織有高度安全性考量時，更需要仰賴純熟專業技能（專業型）與嚴格規範（機器型），例如核電廠或警察局。[2]

組合型混合：不同部門採用不同類型

不同部門採用不同組織類型也相當常見，例如銀行櫃台為大眾提供一般金融服務（偏向機器型），而理財專員則提供更為量身打造的服務（專案型）。在顧問公司中，有協助企業尋覓高階主管的部門（更像是專業型），同時

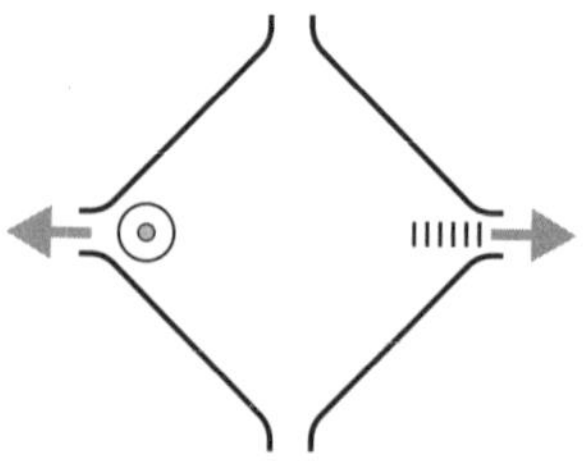

結合型混合

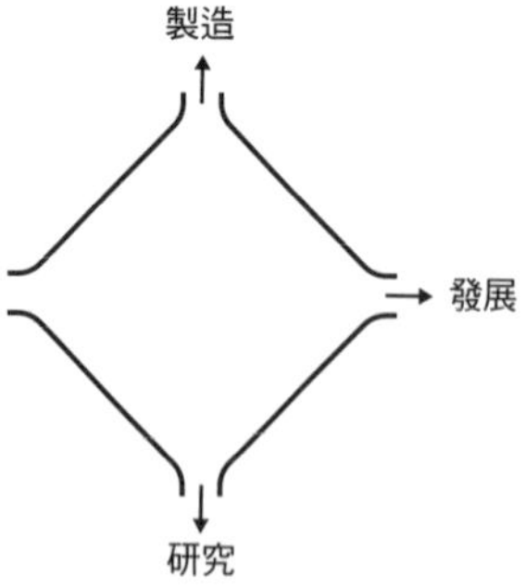

組合型混合

也有提供有關新興領域的諮詢服務（更像是專案型）。

如果我們將前述七種組織類型兩兩配對，則會產生出二十一種以上的組合。有一次，我在演講中介紹完四種組織類型，一名蘋果公司經理人向我走來。他認為產品設計部門比較像專案型組織，行銷與訓練部門則像專業型組織，製造部門更像機器型組織，再加上賈伯斯的一人作主型組織，蘋果公司就是四種類型的混合！製藥公司的研發部門採取專案團隊形式，開發部門運用專業技能，作業自動化的製造部門更像是「內建設定的機器」，同樣是組合型混合組織。

太陽馬戲團（Cirque de Soleil）是一個非凡的組織，它的每一項演出展現出高度專業。我的EMBA班學生負責訓練它的特技演員，他在報告中寫道：「身為一名經理……不能讓試算表摧毀創意……如果無法了解創意思考的脆弱性，你絕對在這裡待不了多久。」這些技藝精湛的特技演員都在「專業人員組合體」中受過高度訓練，但馬戲團同時需要如同機器般運作的支援幕僚處理乏味的雜務。哦！別忘了創辦人蓋．拉里貝代（Guy Laliberté），街頭藝人出身的他，透過對傳統馬戲團的再造工程，躋身億萬富豪的行列，他也會親自為太陽馬戲團的表演提供創意點子。

合作、競爭、分歧

混合型組織不會出現單一類型組織的「汙染」，因為在混合型組織中有各種作用力相互制衡。但**混合型組織內部會發生分歧，會沿著斷層帶（各種作用力交會的邊緣地帶）產生衝突**。在費里尼（Federico Fellini）執導的電影《樂團排演》（*Prova d'orchestra*）中，演奏家們想要趕走指揮，最終卻發現，沒有指揮，樂團根本無法運作。這個道理同樣適用於混合型組織，**分歧的組織成員儘管相互對抗，仍必須維持合作**。沒有任何一家製藥公司會希望研究部門的科學家和開發部門的專業人員，或是開發部門的專業人員和行銷人員彼此惡鬥。

上述討論得出一個重要結論：**高效組織的關鍵是對於「矛盾」的管理**，部門間因相互競爭而引起的衝突需要受到正視和緩解，最理想的方式是透過直接涉及衝突者進行相互調整。

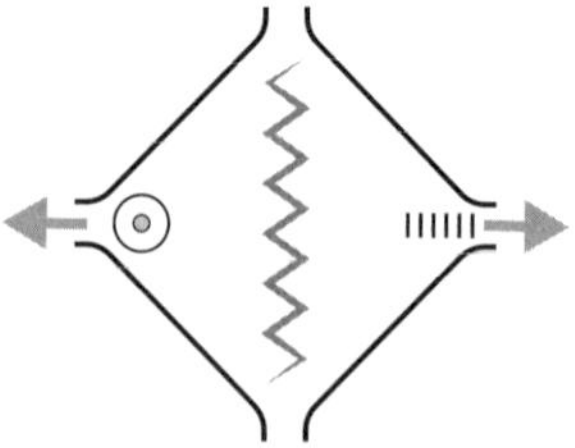

混合型組織的衝突

第十九章
組織結構的生命週期

大部分組織終其一生只採用一種組織結構，持續一個固定的使命。舉例來說，一個交響樂團不論由誰擔任指揮，可能都是採用「一人作主企業」與「專業人員組合體」的混合型組織。不過，在組織的世界裡，沒什麼是神聖不可侵犯的，多數組織不時必須主動選擇或是被迫轉變為另一種組織結構，可能是換成另一種類型，或變成混合型組織。本章將介紹相當普遍的組織轉變型態，也可以將它看做是組織的一種生命週期。這些轉變具有下列幾種主要特徵：

- 組織結構的轉變可能快速或緩慢、全面性或局部性，所造成的影響則可能是永久性或暫時性。就好像過飽和溶液被攪拌或晃動時會突然凝結，當「一人作主企業」的創辦人離開時，這個組織也可能很快且永久凝結成一個「內建設定的機器」。也就是說，**組織可能經歷「中斷平衡」（punctuated equilibrium），使長期以來的穩定平衡被突然的改變所破壞**。不過，這種轉變也可能是漸進的，組織會暫時經歷舊結構與新結構之間的過渡時期，或是在兩者之間搖擺，例如一家成長中的大規模量產公司創辦人，在當家時漸漸把主導權交給分析人員。

- 組織結構的轉變可能是：一、自然預料之中的事，例如一所新學校從一人作主型組織轉為專業型組織；二、受到特定利害關係人的施壓，例如政府強迫公立學校從專業型組織轉為機器型組織；三、受到意料之外的外部因素所導致，例如學校的教師醞釀罷工，因而推舉一名教師領導者以齊心協力。
- 組織結構的轉變可能平順或引發衝突，可能有效或無效。當「一人作主企業」的創辦人離開時，組織可能平順的轉變為「內建設定的機器」，但其他的改變卻可能伴隨劇烈的衝突。而當這種衝突帶來的轉變符合組織的需求，衝突就是有用的；相反的，若導致組織功能受損，衝突就是無效的。

組織結構的生命週期模型

組織結構的生命週期模型可以分為幾個階段，這些階段雖然很明顯，卻不是必然的。我將各階段的重點摘要如下，後文會逐一詳細說明。

1. 通常，組織誕生時是「一人作主企業」，例如新創事業。
2. 許多組織在初創時期只要創辦人仍然當家，就會繼續維持這種組織類型（至少局部維持這種類型）。
3. 組織邁入成熟時期後，往往會以最自然、最合適現況的結構安頓下來。
4. 成熟組織的穩定狀態可能因為突發的轉變而中斷，這種轉變可能是由內部行動者推動，或是受到外部利害關係人所迫使，或是受到環境中的一個變化所驅使。
5. 停滯的組織（所謂的中年危機）有時會藉由改變組織結構進行組織轉型，這種轉變可能是暫時性，例如轉型是由一人作主的領導者所推動；轉變也可能是持久性，例如在一個科層制結構中注入靈活編組制元素。
6. 組織可能因為自然原因而結束，例如資金匱乏之時，但對於一些大型組織，則必須以「政治競技場」的形式讓它們垮台。

創始期：新創時是「一人作主企業」

組織創立伊始，通常採取「一人作主企業」結構，原因如下：

第一，一個新組織幾乎凡事都得從無到有，必須有人去尋找資源、招募人員、建立設施，並且需要圍繞著一個新結構、文化及新策略（除非一開始就已經定義好策略）來整合這一切。這使得創辦組織的領導者在制式職權之外，還擁有相當大的非制式影響力。只要他們繼續當家，就可能一直維持這種情形。

第二，在組織的創始期，「直接督導」是最自然的協調機制，因為人員傾向尋求領導者的指導。在人員彼此熟識之前，「相互調整」的機制可能有限，至於建立標準，更需要花些時間。

第三，新組織需要、也傾向吸引有創業性格的領導者，這些領導者懷抱熱情，通常相當具有遠見與魅力，總是吸引人們的目光。這樣的創辦人喜歡掌控與駕馭新事物，避免讓組織陷入傳統組織可能造成的束縛，讓員工可以投入自己想做的事。對於組織成員來說，這可能是一趟令人興奮的旅程。

在企業界，「創業者」這個詞常令人聯想到新創事業，但是在非營利部門的新創事業領域也盛行「社會創業精神」（social entrepreneurship），而政府的新創事業也具有「公共創業精神」（public entrepreneurship）。基於前述理由，新創的非政府組織、新創的社團、新創的合作社、新創的政府機構等等，全都需要強勢的初始領導。

青年期：維持局部的「一人作主企業」

只要創辦人繼續當家，組織可能一直延續創立時的一人領導結構，至少是局部維持這種結構。畢竟，組織是圍繞著創辦人的風格，甚至以他的願景來發展。再者，老員工可能感激當初招募他們的創辦人，或是依舊對創辦人忠誠，彼此之間已經發展出緊密的私人關係。此外，有強烈意志的創辦人通常能夠維持高度的個人控管，想想在個人領導下成長得很大的知名企業、工會及其他組織，例如亞馬遜、蘋果、卡車司機工會都是如此。

成熟期：在一個自然的結構安頓下來

多數組織邁入成熟後，會以最合適現況的結構安頓下來。這樣的例子不勝枚舉，從專業型組織的醫院，到混合一人作主型與專業型組織的交響樂團。當然，有些組織縱使進入成熟期，結構卻沒有改變，「一人作主企業」仍是最適合它們的自然結構。例如大型零售連鎖業在領導者事必躬親的管理下欣欣向榮，相較於仰賴分析的專業型組織，一人作主型組織的管理方式更能快速做出對策。畢竟，只要複製一間商店的管理模式兩百次，就能有效管理兩百間商店的零售連鎖事業；有時執行長只要經常走訪其中幾間店，就能掌握所有商店的脈動。

不過，更常見的情形是，一人作主的領導方式最終變成一種負擔，實地管理可能變成微管理，使得領導者被大小事壓得招架不住；或是變成宏觀管理，領導者厭煩細節，決定自高處領導。想想那些相信自己能夠管理任何事務的領導者，因多角化經營而最終摧毀整個企業的故事。

從「一人作主企業」轉變為別種結構

因此，當組織邁入成熟後，多數組織會從一人作主型轉變為混合型結構（圖19-1裡的中間箭頭），或轉變為其他幾種組織類型（圖19-1裡朝上下方的箭頭），詳述如下。

- **轉為「專業人員組合體」**：從一人作主型組織轉型為專業型組織可能發生得相當快，以一家綜合醫院為例，從創設第一天起，受過高度訓練的專業人員隨著創辦人到來，一旦設備與器材到位，他們全都能馬上就位、貢獻所長。因此，只要創辦人仍在位，組織結構幾乎可以立即自然轉變，至少先轉為一人作主型結合專業型的混合型組織。
- **轉為「內建設定的機器」**：從一人作主型組織轉型為機器型組織最為常見，尤其是在企業界，因為有太多私人企

圖19-1　轉變成一種自然類型

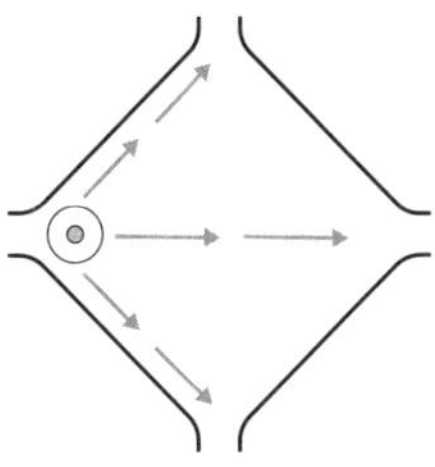

業從事的是大量生產或大量服務。如前文所述，這種轉變會自然發生，創辦人會被專業管理團隊所取代。但如果創辦人拒絕離開，則可能需要透過政治遊戲將他驅逐，例如向董事會揭發不當行為或是造反（可以想想為了推翻獨裁統治者而進行的大規模運動）。

- **轉為「專案拓荒者」**：同樣的，轉變成專案型組織也往往發生得很快，尤其是當組織以一項專案展開這種轉型時，例如建築師事務所以第一個委託案開始進行轉型。然而，當組織需要一位強勢的領導者以確保團隊及跨團隊通力合作時，完成完全的轉型則需要花上更長的時間。
- **轉為「群體船」**：當非營利組織執行一項激勵人心的使命時，創辦人可能必須把權力下放給更平等的群體，過程中可能伴隨著衝突，例如無國界醫師組織就是個著名的例子。

中年期：突發的轉變

截至目前為止談到的組織轉變，都發生在組織的自然生命週期，但有時候，組織的轉變可能突如其來，是由特定利害關係人所推動，或是出自意料之外的變化。接下來，我們來談談幾個常見的情形，有些轉變會促使組織變得更好，有些則正好相反。

多角化促使組織轉向成「事業部門」

在企業領導者希望促使公司加速成長下，許多成功企業會嘗試多角化經營，因而使組織轉變成「事業部門」。這種轉變在大型企業尤其常見，以至於它看起來像是個自然的轉變（或是經由學術研究與報章雜誌的解讀及報導）。我則認為這是一種突發的轉變，未必是自然而成。

一方面，許多成功的企業「或多或少還是會堅守本業」，例如通用汽車公司。[1]另一方面，如第十四章所述，許多公司貫徹多角化經營，成為企業集團，但最終卻失敗或重新整併業務，於是轉變為一種介於中間形式的事業部門，結果反而運作得較好。例如副產品多角化或相關產品多角化（例如松下電器），或是非營利組織成立地區分會，例如紅十字會與紅新月會國際聯合會。

透過自動化或外包，使科層制轉向靈活編組制

如前所述，藉由將許多作業活動自動化或外包，一個「內建設定的機器」可以只剩下一個行政管理結構，並以「專案拓荒者」的形式運作，聚焦於專案形式的設計工作，維持自動化設備或是商談外包合約。

從靈活編組制轉變為專業人員精英制

經過一段時間，一些靈活編組制人員開始尋求如「專業人員組合體」的安穩生活。例如許多科學家、顧問及其他專家在職涯早期會特別嚮往團隊形式的創新工作，那種工作充滿機會，世界是他們揮灑創意的舞台，因此他們可能會創立或加入專案型組織。但伴隨他們及組織年齡的增長，專案工作帶來的刺激與興奮會逐漸衰退、永無止盡的創意發想可能令人緊張不安。於是原本為客戶做專案工作的靈活編組人員會把其技能制度化，將自己定位為「專業人員組合體」。

接著，兩方交戰開始。定位自己為專業人員的精英們說：「我們受夠了不停求新求變，我們要專注於一些成功案例，再根據客戶的需求進行修改。」可是，定位自己為靈活

編組制的人不同意這個說法：「過去的就讓它過去，我們應該尋找新的創意挑戰。」

當其中一方勝出時，組織要不是轉變成「專業人員組合體」，不然就是仍然維持「專案拓荒者」。若兩方互不相讓，組織可能一分為二，如同前文提到的管理顧問公司，一部分以靈活編組制做專案工作；另一部分提供較標準化的獵人頭服務。醫院裡的醫師往往就是如此：一方面獨自做標準化的門診工作；另一方面以團隊形式從事更開放式的研究工作（不過前者可能會對後者造成負面影響，例如許多所謂的「醫學研究」偏向製藥業的開發工作，而對某個群體試驗藥物的療效）。

相反的，從專業型組織轉變成專案型組織固然有可能發生（任何你想得到的轉變都有可能），但發生率比較低。因為「專業人員組合體」有根深蒂固的技能和分布的權力，是所有組織類型中最穩定也最持久的形式。想想那些歷史悠久的大學，歷經幾個世紀依然強健；相較之下，大企業可能在數十年間轉瞬衰頹。[2]

在此值得提一下「專案拓荒者」的其他轉變。當一項專案產生一種潛力特別高的新產品時，原來的專案型組織可能傾向放棄專案型組織多變的生活，改而利用與開發這項新產品，轉向量產機器型組織的穩定生活，並且致富。

被迫使轉變成科層制

如前所述，**外部利害關係人和內部分析人員經常不當的推動組織朝向機器型組織，這種「唯一最佳方法」的思維方式往往對組織造成極大的傷害**。

任何公司一旦公開上市，不論既有的組織結構多麼合適這家公司，股市分析師可能會逼它制式化。（「能讓我們看看你們的組織圖嗎？」）如果一個創辦人將企業出售給一家既有公司，類似的情況也可能發生。（「我們為你們準備了一種策略規畫工具！」）無怪乎擔任執行長的創辦人往往過不了多久就會離職。

當然，公共部門的政府部會以及非營利組織是無法公開上市或出售，但它們仰賴資金贊助機構，那些資金贊助機構有自己的分析人員，全都隨時準備施加他們的技術官僚控管。（「你們若不做評量，如何能管理呢？」）

一個小型的「一人作主企業」不需要組織圖，就如同「專業人員組合體」不需要績效評量導致專業人員分心。為什麼組織裡的成員全都必須歷經某種策略規畫的儀式呢？**在我們的組織世界裡，一種狹隘的技術官僚管理主義猖獗，從而汙染毒害我們的社會。**

老年期：為生存而革新

每個組織不論結構多穩定，遲早都會遭遇意料之外的事。例如，一個企業的生存可能面臨新競爭者的威脅，一場疫情可能使政府的運作癱瘓。隨著組織年齡的增長，為了恢復以往活力，必須設法進行組織革新，而某些組織類型會比其他組織類型更容易做到這種革新。

「專案拓荒者」能在現有組織架構中自然而然的持續自我更新，這要歸功於不斷誕生與消失的獨特專案。正如加拿大國家電影局進軍劇情長片領域那樣，光是一個具有新意的專案，就可能將整個組織帶往嶄新的策略方向。

「專業人員組合體」在營運層面上具有高度適應性（想想醫院裡不斷升級的醫療協議就知道），但由於權力的分散，以及專業協會強制施加的許多標準，導致組織內部人員可能消極抗拒革新，儘管革新有其必要。相較之下，「一人作主企業」一切都取決於領導者，有些人可能傾向於接受激進的變革（但挑戰其威權的變革除外），有些則可能想要一切維持現狀。

在凡事被奉為神聖不可侵犯的「群體船」裡，追隨者可能會為了捍衛原有結構而激烈抗拒革新。因此，在這種組織中可能見到一些最激烈的「政治競技場」。不過當孤立威脅到組織生存時，「群體船」可能不得不著陸，也就是調整其文化，轉變成另一種組織結構。

不過，最終贏得「抗拒革新獎」的往往是「內建設定的機器」這種類型的組織，這不僅僅是因為在這種組織中，凡事都控管得非常嚴密，也因為它們偏好的解決問題之道是進一步嚴格控管：更多的規畫、評量，以及更多的規則、規定、規定。合理化並不是革新。從泰勒至今，那些常被視為「有史以來的最佳解方」的很可能是有史以來最糟糕的革新組織方法。

許多文獻都在探討如何改變組織，尤其談的是如何改變停滯的機器型組織，它們的建議往往是把它轉型成另一種組織結構。**「工作擴大化」（job enlargement）**把機器型組織轉向專業型組織，**「創新團隊合作」（innovative teamwork）**把機器型組織轉向專案型組織，**「扭轉」（turnaround）**則是暫時性把任何類型的組織轉向一人作主型組織。下文會逐一做討論。[3]

透過工作擴大化來促進精通

藉由增強員工的專業能力，就能讓機器型組織轉為專業型組織。通常可以透過下列三個步驟（參見圖19-2）：一、**職務擴展（job expansion）**，在作業基層擴展職務範圍，例如重新設計電話客服中心的職務，讓每個客服人員解決更多類型的顧客疑問；二、**人員賦權（people empowerment）**，讓作業人員對自己的工作有更大的自主權，例如讓電話客服人員一起決定輪班方式；三、**技能提升（skill enhancement）**，提升作業人員的能力，幫助他們變得更專業，使組織結構更接近專業型組織。例如電話客服人員不僅提供顧客標

圖19-2　工作擴大化的三步驟

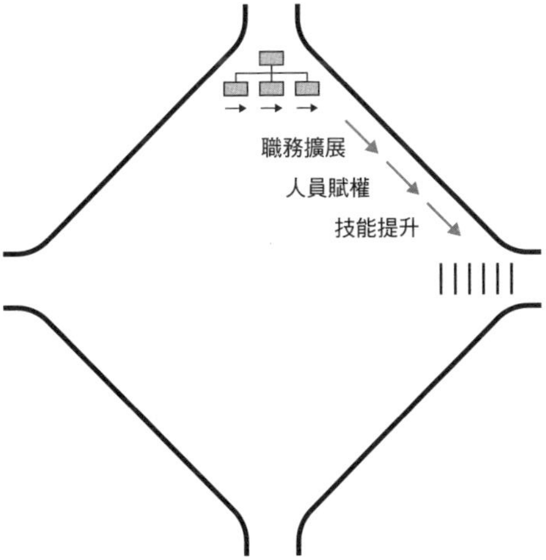

準化答案，也擁有和顧客一起解決問題的能力。順便一提，新冠肺炎疫情擴大了許多工作的範圍，因為在家工作的人較少受到主管的「直接督導」。

鼓勵透過團隊合作創新

當組織需要更多的創新，可以採取三個步驟邁向更像專案型組織的結構。[4]（見圖19-3，以機器型組織為例）

一開始，組織可以增加一個**獨立單位（separate unit）**，由它代表整個組織去執行創新專案，例如一個製造業公司設立研究實驗室，負責發展新產品。不過，若「汙染」降臨這個單位，組織可以採取下一步，在原本的制式結構上加入**靈活編組團隊**

圖19-3　協作創新的三步驟

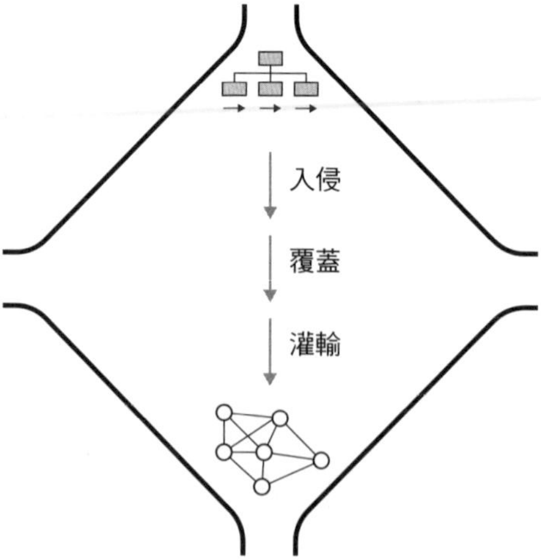

（adhocractic teams），團隊成員可盡量多元，例如包含工程、製造及行銷部門的創意人才，或許加上一個忠實顧客，如此一來，便可開創嶄新團隊，共同合作開發新產品。[5]

最後，當組織期待所有人都必須擁抱創新時，可以嘗試在整個結構中**塑造創新文化（infuse a culture of innovation）**，鼓勵每個人都能貢獻點子，就像日本豐田汽車公司（Toyota）採行的「改善」（kaizen，持續改善、進步之意）哲學：「讓每個員工不只是帶著雙手來上班，而是成為知識工作者……，擁有公司前線作業的經驗智慧。」[6] 不過，在一個高度機器型的組織中，這最後一步可說是知易行難，這也是為什麼當新技術徹底改變一項產品時，傳統製造商通常輕易被產業新進者（可能是專案型組織）所取代，因為新進者本身已經具有充沛的創新文化。但「專業人員組合體」就不是這樣了，它的組織結構往往比「內建設定的機器」更牢固（參見下文專欄）。

遲來的通力合作

我曾在加拿大蒙特婁市（Montreal）的一間大型教學醫院，進行為期數個月的研究，參加過十九場委員會會議，從醫療委員會、護理委員會、管理委員會到董事會（各是一座「穀倉」）。然而急診室多年來始終有負荷過重的問題，雖然在每一場會議中都被討論，卻遲遲沒有任何成果。

這不是一個醫療的問題、護理或管理的問題，也不是董事會的問題，而是醫院本身的結構問題。然而唯一一個由各「穀倉」代表共同組成的委員會，卻好幾個月沒開會了！最後，政府發出最後通牒，揚言急診室問題若得不到解決，就要大幅刪減醫院預算。消息一出，院方馬上成立由醫師、護理師及管理高層組成的臨時特別委員會，由一名副護理長擔任主席，問題馬上迎刃而解。這個例子告訴我們，在專業型組織之上疊加一個特別專案，往往更有效率。[7]

透過一人領導來扭轉

當任何類型的組織需要顯著革新時，最常見的是暫時性回復「一人作主企業」結構，讓新的領導者能有效扭轉組織、推動革新。這同樣可以經由三個步驟完成（見圖19-4，以機器型組織為例）。

之所以會暫時性恢復一人作主型組織，理由與組織誕生伊始仰賴一人領導相同，因為「直接督導」可能是最快速、最具整合性的協調機制。引進新的領導者，暫停現行規則，以進行必要變革。完成變革後，若合適的話，再讓組織復原，例如轉型為一部革新的機器，有時甚至會撤換這位已不再合適的救世主。[8]

組織的扭轉可以透過下面三個步驟，以進行深層的變革。

1. **作業層面扭轉（operating turnaround）：** 聚焦於作業的革新，以增進效能。例如，一位備受推崇的的執行長為了扭轉一家英國製造公司的命運，於是透過改善工廠員工的待遇，使得生產力大幅提高。作業層面的扭轉最容易

圖19-4　扭轉的三步驟

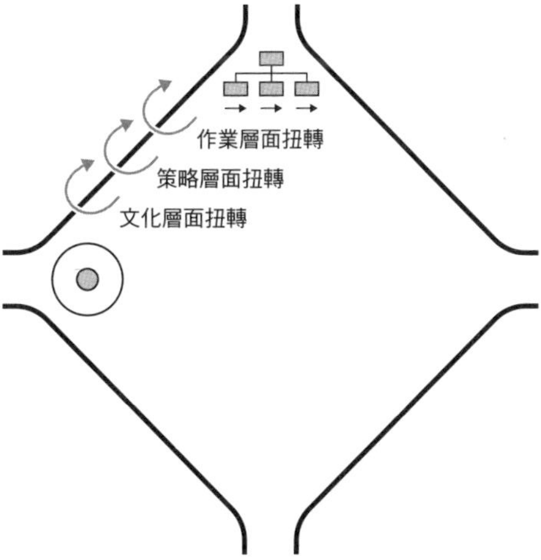

執行，因為並不會對組織策略及體系造成太大影響。不過，這也是最弱的一個層面，因為可能只造成表面的改變，一旦遇上危機，就形同無效。

2. **策略層面扭轉（strategic turnaround）**：重新定位組織在其環境中的位置，或是引進一個全新的策略觀點。例如，一家製造公司可以增加產品線，一個政府部門可以對以往免費的服務收費。

3. **文化層面扭轉（cultural turnaround）**：這個步驟最能推動革新，特別適用於衰弱無力的組織文化。誠如組織心理學家卡爾．韋克所言，組織不是擁有文化，組織本身就是文化。重振一個衰弱的優良文化，可能比重新建立一種新文化來得容易，因為至少公司的文化遺風還留在一些老員工的心中，而我們可以試著讓它們煥發活力，就如同章魚能夠再長回失去的一隻腕。

其他類型組織的革新

扭轉並非局限於機器型組織，例如「一人作主企業」本身可以由一位新領導者推動扭轉。已經退休的創辦人重返掌舵，重振在接班人執掌下踉蹌的企業，也並非少見。至於在「專業人員組合體」，專業人員傾向不聽從任何人，更別提一個突然想發號施令的領導者。因此，較合適的扭轉方式或許是在專業人員結構上覆加一支專案團隊（若有可能這麼做的話，如前文專欄提到的醫院急診室團隊）。不過，當面臨巨大危機時，可能需要中止政治遊戲，好讓一位新領導者有時間矯治組織，使所有人受益。「專案拓荒者」的扭轉情況可能與「專業人員組合體」相似，但不同的是，專案型組織已經非常習於改變，往往不需要引進新領導者，就能進行自我革新。

政治手腕在革新中扮演的角色

最後，當上述所有方法都行不通，**組織仍然缺乏自我革新能力時，便需要政治遊戲來迫使它變革**。例如挑戰現有文化，反抗過時的規則，破壞侵擾的評量，或是透過造反、揭發、敵對等，都是可能訴諸的政治手腕。倘若組織已經沉痾難醫，它可能就必須面對生命週期的最後階段，就如同我們的生命最終勢必將消逝。

垮台期：自然衰敗或透過政治推翻

如同神話中的鳳凰每五百年浴火重生，一個失敗的組織能夠從它的廢墟中復活嗎？

它應該從灰燼中重生嗎？商業媒體很喜歡報導這類激勵人心的故事，相較之下，那些更為普遍、常見的失敗案例，就往往乏人問津。**修復一個失敗的組織，就像神話中的鳳凰般具有傳奇色彩**。

組織就像人類一樣會衰老，隨著年齡增長，關節會變得僵硬，管路會堵塞，部件會退化。如果可能的話，它們會向內尋求保護，成為封閉系統，這或許暫時能夠照顧到特定的利害關係人，但對周遭社會無益。

倚賴維生系統的組織

我們需要這麼多虛弱、靠著現有的財富或政治影響力支撐的組織嗎？相較於小兒科、甚至產科型顧問服務，老年人顧問服務遠遠更多，後者才是顧問服務業務賺錢的主力，龐大的心力投入於試圖使僵化的機器型組織變得「敏捷」或「讓大象跳舞」。

但是，我們是否需要機器變得敏捷，或是忍受大象被迫跳舞？如前文所述，機器通常是為了專業化目的而打造，當機器不再是必要，或當機器已經缺乏效率時，我們不會再勉強的維修它，我們會丟棄它們，或是把它們的部件回收再利用。機器型組織也一樣，甚至專案型組織也是如此，因為它們本來就是為了敏捷而採行的組織結構，如果不再敏捷，還有什麼用呢？

這聽起來很殘酷吧，但還請你諒解，畢竟更年輕、有活力、百折不撓的組織，很少是仁慈的組織。經濟學家熊彼得（Joseph Schumpeter）不也在我們的經濟體系中歌頌「創造性破壞」（creative destruction）嗎？[9]如果絕大多數極其衰弱的組織不久就要面臨死亡，為什麼還要徒增開支，延長垂死的掙扎？讓它們一擊斃命，免於遭受長期的疾病折磨，對於整體社會不是更具有生產力？

一個健康的社會必須持續注入新組織，取代疲乏衰老的組織。換言之，我們應該關切的不是單一組織的革新，而是整個組織社會的革新。規模較小的組織通常快速死亡，且大多不被注意，它們的資源可以立即回收利用。最麻煩的是那些有政治勢力支撐、有股東和高階主管（這些人很樂意暫停歌頌「自由企業」）支持的大型組織，這種支撐往往來自各種黨派的民選政府，它們傾向拯救破產的大企業，害怕它們的破產導致突然失去大量就業機會，但實際上，較小規模企業的破產導致的失業人口遠遠更多。

政治競技場垮台

最終，這類的大型組織可能在瀕死前，被支撐它們的政治活動所推翻。組織變成政治競技場，充斥各種政治遊戲，各類利害關係人無情的搜刮它們的殘膏賸馥。當又一個偉大的傳奇殞落，混亂的組織世界仍然繼續運轉。

現在，讓我們回到生命，敏捷的生命。

第七部

七種組織類型之外

生命中偶爾會出現一個令我們靈光一閃的絕妙提問。亞蘭・諾爾（Alain Nöel）自麥基爾大學取得博士學位後，任教於蒙特婁高等商學院（École des Hautes etudes commerciales de Montréal），他還就讀博士班時，閱讀本書原始版本的初稿後，向我提出這麼一個疑問：「**你在用這些部件玩拼圖，還是在玩樂高（LEGO）呢？**」說得更白話一點，他好奇的是，我想要用這些部件來組裝成一些確實存在的組織類型，抑或是用它們來創造新的組織類型（就像在產品線中加入許多3D拼圖遊戲之前的樂高）。

我思考過後恍然大悟，我一直在玩拼圖，但我應該開始玩樂高。那些不符合某一種組織類型，甚至也不是「畸形」的混合型組織，應該擁有被歸類在七種組織類型之外的機會。所以，我用電腦創建一個名為「樂高」的檔案夾，把格格不入者放進去。本書最後一部就要探

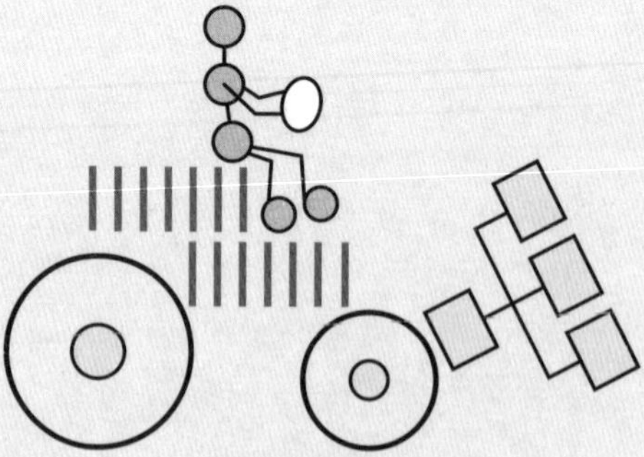

用組織類型玩樂高

討這些格格不入的組織。是的，我們何必劃地自限於這七種類型呢？

拼圖和樂高不一樣。辭典中對於「puzzle」一詞的定義是「難以了解的東西」，這意味著它並不只是一道有正確解答的謎題或遊戲而已，而且不論難度如何，它都令人難以了解，甚至還可能產生令人困惑的新東西。

我們先來看看拼圖遊戲吧，它具有幾項主要特徵：

1. 一盒拼圖具有許多拼塊。
2. 每一片拼塊的形狀是明確的。
3. 拼塊彼此必須完美的契合。
4. 最終形成盒子上的那幅圖。

由上述四項特徵可知，拼圖是一種預先準備好答案的遊戲。那麼樂高呢？它又具有哪些特徵？

1. 必須尋找或創造拼塊（線索）。

2. 每一個拼塊（線索）以一個含糊不清的碎片呈現。
3. 拼塊（線索）之間彼此鮮少整齊的結合，有時必須把它們連結起來。
4. 缺乏拼圖外盒上提供的完成圖，而是必須用這些碎片和連結來構思和創造。

想要解開「組織」這道謎題，我們必須用玩樂高而不是拼拼圖的心態，**這意味著我們需要開放自己，擁抱新穎結構的創意構造**（組織的結構或甚至不是組織的結構）。因此，本書最後一部的標題是：「七種類型之外」，第二十章敘述組織如何開放它們的邊界，第二十一章探討組織可以如何開放他們的結構設計流程。

第二十章

組織外展

「組織外展」（Outward bound）一詞的英文原義，是用於敘述船隻離開母港，航向外地，後來它被一個為年輕人提供探險訓練的非政府組織所使用。本章則使用這個詞彙來描繪許多組織在近年來所做的事。

根據《牛津英語辭典》，「bound」這個字有兩種相反的含義，除了「前往某地」（隱含「開啟」）的意思，另一個意思是「受限於或是被一地或境況所限制」（隱含「被包圍」）。**本章將討論以往被邊界限制的組織，在近年間的外展情形**。

讓我們重回第一章提到那個七歲孩子的疑問：「組織到底是什麼？一個蘋果為什麼是一個組織？」當你回答：「它指的是一家企業，裡頭有為蘋果公司工作的人。」孩子又問你：「那麼在這家企業裡某個樓層掃地的人，也是一個蘋果嗎？」你回答：「不是，他是承包的工作人員。」只見她滿臉疑惑：「啊？」接著，她看著你的手機，問道：「如果這是一個蘋果，為什麼不稱上面那些亮亮的小東西為蘋果，而要稱它們為apps呢？」這時，你可能回答：「因為蘋果是一個平台，就像音樂會的舞台。」

近年來，許多組織的邊界的確已經變得模糊，許多企業將打掃工作外包出去，成立連結行動應用程式的數位部門。許多研究人員和新聞工作者也一樣，他們總是用含糊不清的說法來描述這一切的變化。我在第一章提到，本書原始版本的書名副標是「研究的統合」（A Synthesis of the Research），那麼這本新書就是我的「經驗的統合」，但本章除外，在這一章，我將綜論近年來看起來最顯著的組織結構發展。[1]

起初，組織結構是向內縮限的，保持著明確的邊界，縱使訴諸多角化策略亦然。然後，出現各種使組織外展的方式，包括：向外建立網絡、委託外包、合作創業、為他方提供平台、基於共同目的而建立會員組織（affiliating），以及圓桌結盟（associating）。

二十世紀末，「一人作主企業」打破組織內的界限，成為廣受歡迎的組織結構。**然而到了二十一世紀，組織的界限已經完全不同於以往，各種障礙已經崩塌，跨組織的合作開展更多可能性**。下面就來談談這些變化。

多角化與垂直整合的束縛

二十世紀的大企業採行的主要策略是，在它們的傳統組織結構界限內推動垂直整合與多角化。

垂直整合把組織的作業鏈延伸，包含一端的供應商（上游）及另一端的顧客（下游），將兩者帶進自己的組織邊界內。例如一家汽車公司可能收購它的電池供應商，或是建立自己的經銷商。亨利・福特把這個策略運用到極致：「為完成他的帝國垂直整合，他購買一條鐵路，收購十六個煤礦場的股權以及約七十萬英畝的林地，蓋了一座鋸木廠，買下五大湖區的一支貨船隊，運送他的蘇必略湖礦場礦砂，甚至還買了一座玻璃工廠。」[2]

採行多角化策略時，公司收購其他事業領域的公司，同樣把它們帶進自己的邊界內。或者，公司在自家內部發展新事業，例如本田汽車公司（Honda）利用它的馬達專長，生產各種器具，如船尾外掛馬達、割草機、全地形車（ATVs，俗稱沙灘車）等等。不論是收購抑

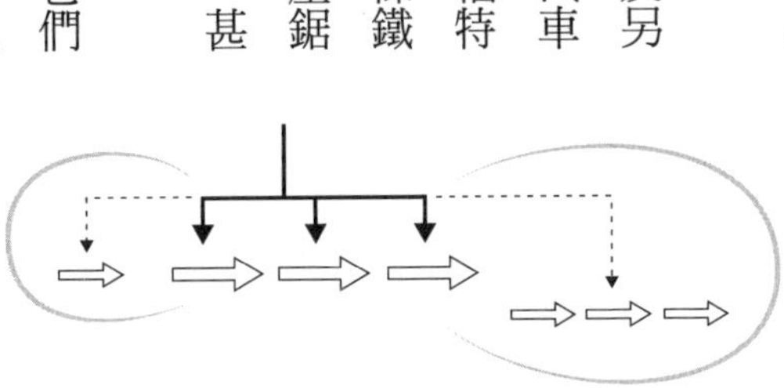

多角化與垂直整合

或自創，這些組織的邊界通常維持鮮明的輪廓，由既有的職權階層管理新的事業活動。換句話說，在亨利・福特之下，你就是亨利・福特，就這麼簡單。但曾幾何時，這種做法已經改變了！

向外建立網絡

建立網絡不是什麼新概念，跟我們的私人生活一樣，在我們的組織生活中，我們總是對內對外建立網絡，以促進溝通。**近年來，拜新的社交媒體所賜，外部網絡的觸角改變了**。有時候，和世界各地的同事連結，比和隔壁鄰居的往來更為容易。位於波士頓的一組軟體工程師結束他們當天的輪班時，可以把他們留下的工作轉交給位於印度班加羅爾（Bangalore）的一組軟體工程師，由他們繼續執行，直到他們的輪班結束時，再轉回給波士頓這邊的工程師，這種工作交替近乎無縫接軌。[3]

建立網路不需要以任何制式安排為基礎；它可能是為了協調而在

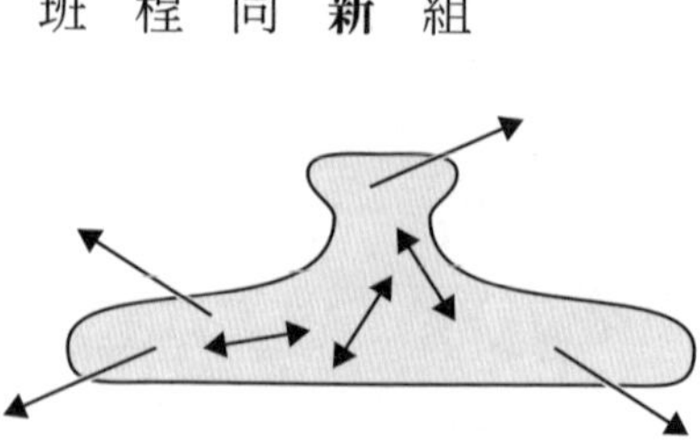

向外建立網絡

「相互調整」下自然發生的。反觀下述其他五種組織外展的安排，則是某種程度的制式安排，其中兩種是使用契約，一種是使用規則，最後兩種是特定會員制。

簽約外包

當一個組織開始採用外包，也就是與垂直整合相反，把一些以往在自家做的活動委託給外面的組織或個人時，組織的邊界就開始模糊。舉例而言，現在多數公司把辦公室的打掃清潔工作外包出去，或是許多企業雇用獵人頭公司幫忙尋覓合適的經理人。在這些例子中，供應商不在組織內，但也不完全在組織外，因為它是在合約之下，於議定期間內，經常性提供服務。

來看看另一個例子。有一回造訪一家工廠時，工廠員工告訴我，穿藍色衣服的是公司員工，穿綠色衣服的不是，雖然做的是相似的工作，但穿綠色衣服的人領的是另一家公司的薪水。你看看組織邊界有

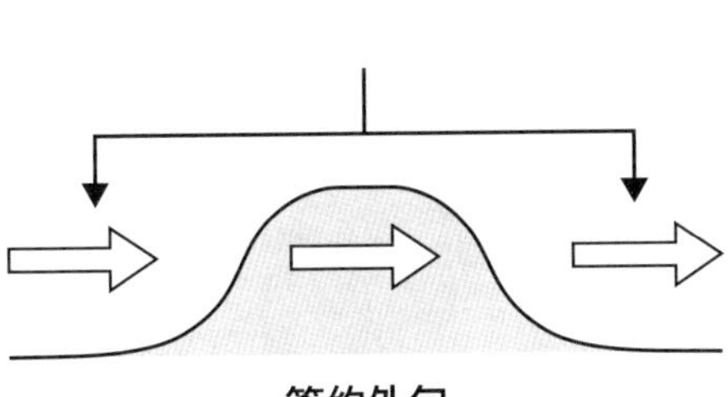

簽約外包

多模糊！在這間工廠裡，只有從工作服的顏色才能分辨誰是內部員工。

外包工作存在已久[4]，例如，近乎每個組織總是以合約形式購買法律服務；建築業的承包商長久以來使用大量的外包形式（從它們的名稱就可看出），它們取得興建一棟建物的合約，然後把水電、架設鷹架等工作，轉包給其他的專業師傅。電影公司的情形也差不多，一家電影公司決定拍攝、製作影片後，會聘雇獨立的導演、編劇、演員、剪輯師等一同執行工作。

若說近年來的外包潮來襲，部分是對於過度垂直整合（亨利．福特風格的垂直整合）的反作用力，那麼如今，鐘擺可能擺向另一端。一個零售業者把商店的清潔與維修工作外包出去聽起來稀鬆平常，但是當零售業者把商品採購的工作也外包出去，那就非常不同了！（想想亞馬遜？）將工作大量外包在電影事業中或許行得通，但對於一些組織而言，這麼做卻有可能會挖空自身競爭力。因此關鍵在於，企業要弄清楚什麼是組織的核心能力（core competencies），那是為了生存下去，組織絕對不能放手的重要競爭力，例如建築公司取得合約和挑選轉包商的能力。[5]然而，有時候組織可能根本搞不清楚什麼才是自己的核心能力。例如加拿大航空公司（Air Canada）發展出一個非常成功的「Aeroplan」哩程方案，後來公司把它分割出去，成為一個獨立的事業部門，甚至把這個事業部門賣掉，最終又把它買了回來。這會不會是該公司當初沒有認知到這是它的一項核心能力？

當然，外包絕非僅限於企業界。在多元部門，我任教的大學在多年前把許多行政人員轉為合同制（亦即外包人員），在我看來，這個舉動同時削弱了自身文化。公共部門使用外包（雖然未必使用這個名稱）行之有年，在必須提供那麼多服務之下，政府部門長久以來都在使用外面的供應商，做許多原本可以內部做的事情。事實上，許多非政府組織的存在，就是以合約形式接受政府委託，提供公共服務，例如幫助窮人。近代提倡的「新公共管理」概念（參見第十四章）可能已經把公共服務的外包推到過度，例如，美國的一些州已經把監獄服務外包給私人公司。

值得一提的是，外包以及後文敘述的其他安排，已經把組織推向專案型結構，理由與把它們的作業自動化相同。去除一些內部活動後，組織更多的行政管理工作以專案形式運作，例如與外面的供應商洽談合約，不再需要管理內部的功能部門。

合夥共同創業

這種組織外展的安排，使得組織的邊界更加模糊，獨立的組織合夥設計、發展及

（或）行銷特定產品或服務，它們暫時性共同創業。舉例而言，「一個創意在至少兩家公司歷經創新至商業化的流程，各方在創新工作上分工。」[6]

在汽車業，司麥特汽車（Smart Car）是這種安排的有趣例子，它是賓士集團（Mercedes）和斯沃琪公司（Swatch）合資企業的產物。新冠肺炎疫情中，疫苗研發的突破來自輝瑞大藥廠（Pfizer）和一家夫妻檔小公司的合資企業。[7]現在，觀看一部劇情長片時，你可能會看到一長串的「製片人」。

這種安排同樣絕非僅限於企業界。企業界或許偏好「合資企業」（joint venture）這個名稱，但公共部門和私人部門的合資企業常使用「公私合夥」（public-private partnership，簡稱PPP）這個名稱。事實上，許多使用這個名稱的其實是「公設多元合夥」（public-plural partnership），而「公私多元合夥」（public-private-plural partnership，尚未被簡稱為PPPP）也並非少見，例如地方政府、公司及非政府組織合夥致力於減輕城市汙染。

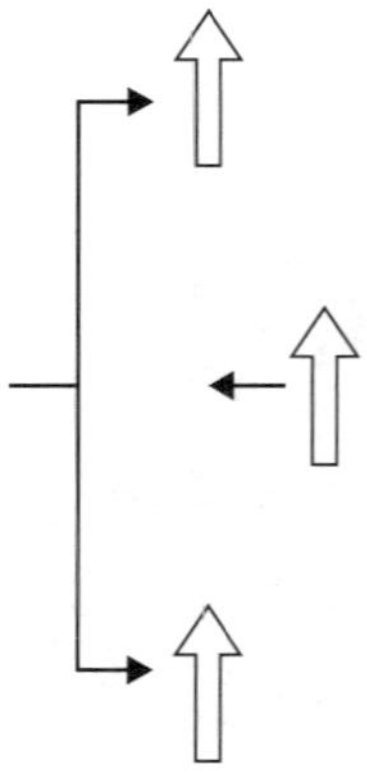

合夥共同創業

為他方提供平台

外包的另一面或可稱為內包（insourcing），意指一**個組織自建平台，供外界做特定使用**。平台提供供應商與使用者之間的協調，甚至是平台上使用者之間的協調（例如eBay），通常這種協調是透過電子形式的「相互調整」。

維基百科（Wikipedia）是平台型組織的典型例子，開放源碼軟體（open-source software，簡稱OSS）也是。維基百科對OSS這個條目的說明是：「版權持有人授予使用者使用、研究、修改，以及向任何人及任何目的散布此軟體及其原始碼的權利。」

我不是維基百科的員工，甚至不是它的會員（任何人都可以編輯維基百科），雖然我不在維基百科內部，但並不代表我不能為維基百科做出貢獻。只要我喜歡，我隨時都能進入維基百科！現在就去，如何？

撰寫本節時，我試著進入維基百科查詢「platform organization」，

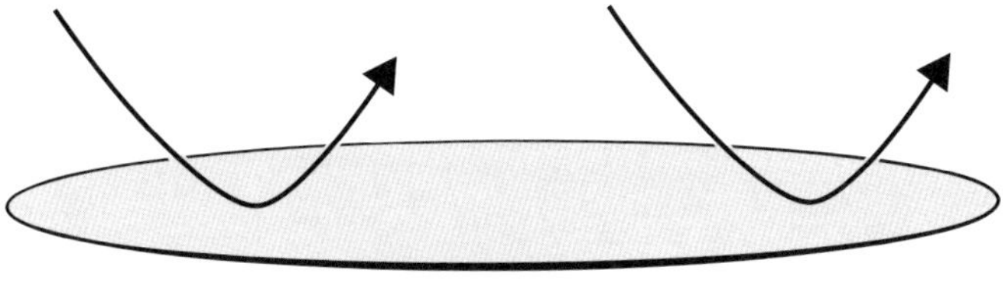

為他方提供平台

得到的結果是：「頁面不存在，你可以撰寫初稿送審。」千真萬確，只要我遵循一些規則，我就能創造一個詞的新頁面（而另一個社交平台臉書則讓我們知道，當違反社群守則時，可能會發生什麼事）。然而，你能想像如果我對常去的某間超市這麼做：「我在你們的海鮮品項表上找不到草蝦，所以我在品項表上加入草蝦。我明天會過來買一些。」那會如何？

維基百科是一個沒有業主的多元部門組織，它既不是私有財產，也不是公有財產，而是共有財產（common property），提供所有人使用，就像海洋一樣。（維基百科的資金向使用者募捐而得。）反觀臉書則是其股東的私有財產，其他許多的平台組織也是，但它對我們的社會交談的影響已經導致它被當成像個共有財產，近乎像個公有財產了，這是傳統的組織邊界更加模糊的例子。

像維基百科這樣的組織，我們如何定義它有沒有邊界呢？馬可—大衛・賽德爾（Marc-David L. Seidel）和凱薩琳・史都華（Katherine J. Stewart）這兩位學者稱這類多元部門裡的平台為「新社群結構」（new community architecture）或「C類型」，他們指出，這類平台有：一、不固定或非制式的會員資格限制；二、大量的志工結合；三、資訊型產品產出；四、非常開放的知識分享與交流。[8]

在一般商業界，多年前，美國航空公司（American Airlines）和ＩＢＭ共同創立ＳＡＢＲＥ平台：「使數萬家旅行社及其他地方能針對平台上列出的航班、旅館及租車的預訂做出完美協調。」蘋果公司創立iPhone這個平台，各種組織可以在這個平台上供應行動應用程式。[9]

就如同莫里哀（Molière）的著名劇作《貴人迷》（*Le Bourgeois Gentilhomme*）中，主角稱自己竟然說了四十年散文而不自知；我們也一樣，長久以來我們一直在使用平台而不自知，例如食物市場（農夫在那裡租攤位來找到顧客）、股市（投資人在那裡買賣股票）。[10]還有，許多醫師長期將醫院視為行醫的平台。事實上，一些公司已經試圖將業務重新定義為平台經濟，例如優步（Uber）被視為讓司機加入及找到乘客的平台。說件好笑的事，我之前一直以為優步是一種能刻意和司機保持距離的外包式計程車服務。

為共同目的建立會員組織

建立會員組織是一種內部服務（inserving，與外包對比），指的是將一群組織結合起來，為它們提供一或多種共同功能。例如醫院有時會聯合起來與供應商進行談判（也就是這些「專業人員組合體」形成一個組合體），以獲取更好的價格；企業會建立商會，以促進本地觀光業。社會學家辜朗·阿恩（Göran Ahrne）及尼爾斯·布倫森（Nils Brunsson）把這類組織稱為「元組織」（meta-organizations），亦即由組織組成的組織，而不是由個人組成的組織。[11]

建立會員組織與建立平台類似，差別在於由使用者創建平台，沒有單一主責的機構。換言之，這些組織共同建立會員組織，但並不負責整合，以維持每個會員的獨立性。這種組織的中心可能是一個小型、負責協調的幕僚組織，通常由成員組織選出來的某個人擔任領導職位，採取任期制。舉例來說，國內的小型會計師事務所所建立的會員組織，目的是為彼此提供外國服務，這不同於在世界各地設有分支的全球性會計師事務所，它們是單一組織，組織結構更接近「事業部門」。因此，會員組織就像是個甜甜圈（見下圖），主體在外圈，而不是中心。

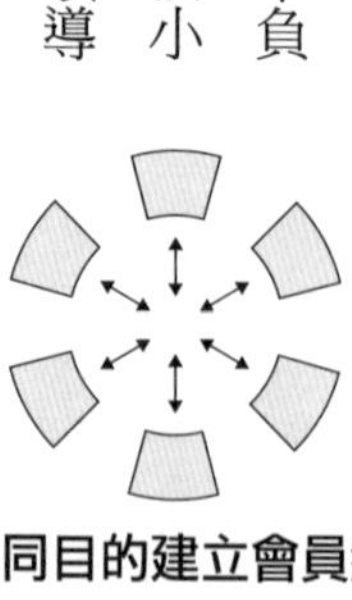

為共同目的建立會員組織

圍繞圓桌結盟

結盟看起來與建立會員組織相似，但實際上兩者仍有差別。結盟比外包、合夥創業、平台及會員組織更寬鬆，但仍是組織外展的一種安排。**結盟指的是組織基於共同關切的事而聯盟，採成員制，與為了特定功能而建立的會員組織不同**。在我描繪的結盟圖（下方圖）中，結盟成員會象徵性、往往也是實際圍繞圓桌而坐，它們會定期開會討論共同關心的事。外交領域經常可見到這種結盟，例如G20、G7，這些組織與北約組織（NATO）不同，後者是有軍事功能或目的的一種會員組織。

結盟的常見用詞又如聯合財團、議會、聯盟、集會，但有時也用來指會員組織。產業界的同業公會或產業協會討論的是共同關切的事，抑或為共同目的而進行遊說？我認為兩者皆是。一些大競爭者會定期聚會，它們會說：「提醒你，我們只是聚在一起聊天。」但實際上，這種結盟只是一個「卡特爾」會員組織的掩護門面罷了。

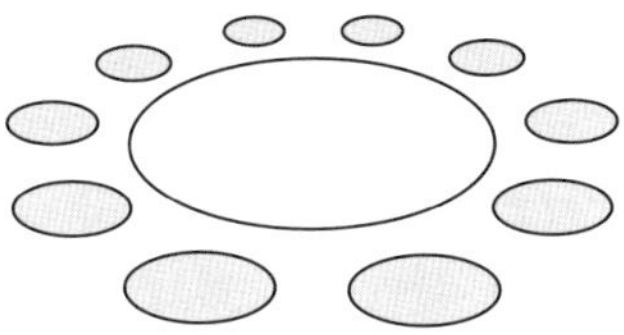

圓桌結盟

各類型組織的外展

上述六種組織的外展可以在各種類型及混合型組織中找到，只不過在一些類型組織中較常見，在其他類型組織中則較少見。例如在「內建設定的機器」、「一人作主企業」及「群體船」可能比較少見，這是因為這些類型的組織本來就傾向於維持控管，除了一些外包與結盟，它們傾向於不開放它們的邊界。組織的外展在「專案拓荒者」較為常見，它們比較開放、有彈性，不僅能善用各種安排來促使組織外展，也歡迎其他組織的員工加入自身的專案團隊。

同樣的，我們可以預期看到「專業人員組合體」組織有大量的外展安排，這類組織的邊界較開放，內部專業人員也傾向在本地及全球建立人脈網絡，合夥共同創業，建立會員組織，向外結盟。例如許多大學教授到海外訪問時，會接受當地媒體訪談；有些大學也以這種方式向外延伸，例如和其他大學簽定聯合學位制（見下文專欄）。

我希望讀完本章內容後，能鼓勵你開始拓展自己的生活及你的組織結構，幫助自己因應長久以來困擾我們，而且必須面對的種種難題。最後一章將探討這個問題。

管理教育的外展

在第三章中，我們曾說「管理是技藝，佐以藝術及有限的科學」。管理的藝術具有先天性，無法被教導；管理的技藝並非透過教導取得，而是透過在工作中的經驗性學習；管理的科學可以用分析的型態被教導，但幾乎已經超出管理範疇。這麼說來，我們只能將經理人培訓工作，留給職場中的非制式指導或培訓嗎？答案是不一定，因為我們可以將管理教育流程外展。

一般MBA課程往往是封閉性，有著十分明確的邊界，通常開設在一所學校內，由校內教師負責授課。大部分教學都在教室中進行，學生坐在階梯教室內面向教師，教師直接講述課程，或是引導學生針對他們還不熟悉的公司進行案例討論。在課程設計上，則是將各種商業職能（例如行銷、財務等）開設為獨立課程，方便缺乏管理經驗的學生學習。簡單來說，這樣的課程其實是聚焦在分析，而非管理的技藝。

同事和我在一九九六年共同開設經理人國際碩士班（簡稱IMPM），將管理教育帶往另一個層次：管理發展。作為超越傳統教學的社會學習，它開放管理教育的邊界，納入學員自身的管理實務經驗。學員們圍坐在圓桌旁，以開放式小組的方式進行學習，課堂一半時間是由教師進行授課，另一半時間則透過討論，省思學員彼此的經驗。

IMPM與五所大學合作，每所大學負責一個管理心態模組，學員要前往各大學針對每個模組進行為期十天的學習。五個心態模組分別是：在英格蘭蘭開斯特的「省思心態」（管理自我）；在加拿大蒙特婁的「分析心態」（管理組織）；在印度班加羅爾的「世俗心態」（管理環境背景）；在日本橫濱的「協作心態」（管理關係）；在巴西里約的「變革心態」（管理行動）。

IMPM沒有傳統課程，更像是針對各種主題單元的研討會，通常持續一小時至一天不等。因此IMPM看起來更像是「專案拓荒者」，而不是「專業人員組合體」，例如在「友善諮詢」單元中，讓每位經理人有機會就自己所關注的議題，尋求其他同儕提供的建議。此外，學習不僅發生在學校之中，還會擴及經理人各自的職場，例如在「管理交流」單元中，讓經理人兩兩配對，花上大約一週時間，去彼此的工作場所實地觀察與交流；而「影響小組」單元則是由經理人組成小組，將所學應用在他們的組織之中。

透過上述方式以及本章討論的種種安排，IMPM成功實現管理教育的外展：

- 五所大學形成一個合資企業（一所大學並不會將自己負責的模組外包給其他大學），也可以將它們看成為實共同目標（推進管理教育）而建立的會員組織。
- 教師的大部分教學外包給經理人的學習。這些經理人不僅是傳統意義上的學生，同時也是參與者，為圓桌討論、友善諮詢、影響小組等單元訂定議程。
- 這些結合起來，使IMPM成為一個讓管理教育創新蓬勃發展的創新平台。
- 座位安排也是創新的一環，有時會將每張圓桌其中一位經理人指派為傾聽者，背對其他人坐下並傾聽他們的討論；在之後的反思階段中，所有傾聽者圍著一個內圈，就所聽到的內容進行交流，其他人則圍繞著他們。如果有人想加入內圈的討論，可以拍拍內圈某個人的肩膀，就可以取代他參與討論。

- 作為一個教學平台，IMPM不僅歡迎訪客，更歡迎他們把看到的創新做法帶回自己的機構。麥基爾大學與蒙特婁高等商學院合作，發展出一個相似的EMBA（Educating Managers Beyond Administrative）課程，麥基爾大學也獨立發展出一個健康領導國際碩士班（International Masters for Health Leadership，mcgill.ca/imhl）。麥基爾大學還創立一個名為「CoachingOurselves.com」的事業部門（我是合夥人之一），協助經理人在職場中運用社會學習模式，讓小組學員透過下載的概念性材料，思考如何用以改善自己所領導的組織。這是管理發展向組織發展開放其邊界。[12]

第二十一章
開放的組織設計流程

現在，讓我們以開放的組織設計流程，為本書畫下句點。以下我提供一些必須時時刻刻牢記在心的核心思想。

為組織締造量身打造的設計

每一個人是獨特的，同樣的道理，每一個組織也是獨特的，因為組織是由每個獨特的我們所構成的。因此，每個組織的結構必須以或多或少的程度進行量身打造，縱使只是為了調適組織成員的特質而做的小設計。本書第二部介紹過組織設計的部件，第三部說明這些部件如何建構出四種不同類型的組織（就像拼圖遊戲一般）。第四部及第五部為這個拼圖遊戲增加更多的拼塊，也就是七股作用力和另外三種組織類型。第六部使用這些作用力來開啟各種組織類型之間的空間，說明它們如何調和、結合及轉變自己。現在，讓我們思考如何**玩樂高：以量身打造的方式，結合拼塊，建構組織結構**。

傑出的組織理論家赫柏・西蒙在其著作《人工科學通識》（*The Sciences of the Artificial*）中寫道：「每一個設計由誰謀劃行動方案的人，都著眼於改變現狀，朝向更好的境界。」[1]這不僅包括設計建築物的建築師、設計產品的工程師，還包括設計課程的老師與教育工作者，以及設計組織結構的經理人，甚至是規畫書籍撰寫的作者。他們如何著手設計這件事？可能並非你以為的那樣。

四種設計方法

在珍妮・利特卡（Jeanne Liedtka）和我共同撰寫的〈設計年代〉（Time for Design）中，指出設計組織可區分為以下四種方法：[2]

- 公式化方法：遵循既有原則，多過進行開放的實驗。
- 想像的方法：仰賴設計師個人的想像力，因此更能伺機而動。
- 交談的方法：開放設計流程，聆聽將來必須與設計物一起生活者的洞察及意見。

• 演進的方法：讓設計流程持續隨著境況改變、問題和機會的出現而做調整。

公式化方法是預先有標準答案的拼圖，不是在培養玩趣，這種方法不足以做到量身打造的設計。其他三種方法可以培養玩趣，它們分別使用想像力、交談及調適，考慮各種作用力及組織類型、文化與衝突、效率與精通、集權化與分權化、技藝及創造力。

在本書中，我們已經對蜜蜂有一些了解，但下文專欄可能會讓你更加了解蜜蜂！

蒼蠅可能是比蜜蜂更好的設計師

如果你準備兩個玻璃瓶，分別放入六隻蜜蜂和六隻蒼蠅，然後將瓶子水平擺放，底部（封閉的一端）朝向窗戶，你會看到蜜蜂們堅持要在瓶底找出口，直到因疲憊或飢餓而死亡；蒼蠅們則是四處探索，不到兩分鐘就全數從另一邊的瓶口飛出。

蜜蜂之所以失敗，是因為牠們太聰明，牠們顯然認為每一個密室的出口必定位於光線最明亮之處，於是按照邏輯展開行動，並且堅持要行動到底。

對蜜蜂而言，玻璃是個神祕的超自然謎團。牠們愈聰明，就愈難接受、愈難理解世上為何會有如此詭異的障礙。反觀愚笨的蒼蠅，牠們完全不在意什麼邏輯，就只是四處亂飛，若能碰上不時會降臨在單純者身上的好運……最終必然能夠發現一個友善的機遇，讓牠們得以重獲自由。[3]

這個故事的啟示是：**在組織設計上，我們需要更多的蒼蠅，更少的蜜蜂**。

設計步道

讓我們這麼思考設計吧。在捷克的布拉格市有座公園，它是由專業設計師以公式化方式進行規畫（或許你家附近也有一座這樣的公園）。設計師在他們認為人們應該行走的地方鋪設步道，其中一條呈現S形，目的是將人們從一條繁忙街道帶往一座橋梁。設計師制定好方案，但布拉格居民並不買單，他們重新掌控局勢，直接穿越草坪，走出一條直線通往橋梁的路徑。

這個故事告訴我們設計師有兩種，一種是真正專業的設計師；另一種是自以為專業，實際上卻做得更差的設計師。我們不會躺在手術檯上，對正準備動刀的外科醫師說：「切低一點好嗎？」因為外科醫師顯然比我們在行。然而，那些自以為更專業的建築師、教師或經理人，卻可能成為創造好設計的阻礙，因為他們往往無法創造良好的用戶體驗。

當然，有些謙虛的建築師深知自己不可能無所不知，因此他們會重視使用者的建議。他們可能會使用想像的方法，開放給使用者去想像。這也是一種交談的方法，因為他們傾聽使用者的心聲，同時，這也是一種演進的方法，因為步行者持續步行，步道將持續改變。

組織的設計和這個例子其實沒什麼太大的差別。**別只是讓自以為更在行的設計師去為所有人設計組織結構，應該讓未來必須接受組織結構後果的使用者參與組織設計。他們必須藉由執行來設計規畫，從學習中了解怎樣的步道最適合他們。**

莎莉和山姆決定展開一項專案，他們請席薇雅向管理階層提案，亦即席薇雅成為此專案實質上的經理。他們的努力成功了，鞏固了，接下來或許是鋪設步道的時候了（亦即把他們的結構制式化），但這條步道並不是太穩固，因為沒人知道步道何時會被廢除，改換一條更好的路。

浮現的結構

所以，在設計組織時，**我們必須慎防鉅細靡遺的規畫與確認，因為這種一步到位的設計不論有多常見，都會讓使用者沒有調整與修正錯誤的空間**。巴西首都巴西利亞市（Brasilia）的建築設計師就是這麼做，時至今日，仍然令該市的部分居民苦惱。我曾因為出席一場會議，在法蘭克．洛伊．萊特（Frank Lloyd Wright）設計的一棟房子裡待了幾天。有人告訴我，這棟房子的女主人討厭這裡，因為所有東西都固定，連家具也是。但那棟房子仍然很出名，尤其是從未在這房子裡住過的建築師們特別喜愛它！

橫山禎德（Yoshinori Yokoyama）撰寫過一篇絕妙好文〈一位建築師看組織設計〉（An Architect Looks at Organization Design），文中寫道：「有句名言說，建築是凝固的音樂，但是，組織從未有一瞬間是凝固的。」[4]**就如同組織需要浮現的策略，組織也需要浮現的結構；如果可能，可以在剛開始以些微、試驗性的方式讓經驗接手**。換言之，組織策略也一樣，必須容許在規畫之外學習組織結構。請容我再次引用橫山禎德的話：「運用更明智、但不是那麼明顯的方法進行設計，是刻意讓它保持未完成的空白狀態，然後讓生活去填補那些空白。」[5]

設計的難題

組織設計的一個主要難題是：何時應該改變一個必須穩定的結構？每一個組織最終必須穩定下來，否則，我們如何能稱它為一個結構呢？但是要穩定多久呢？該多穩定呢？組織恆常在改變中，至少，非制式的改變是一直持續不斷的。但是，組織需要固定其結構一段期間，好讓人員能夠開始做事，例如招募新員、購買設備、為電腦編程等等。**組織成員需要結構，但同時也需要彈性，這兩者之間可能相互阻礙。**

機器型組織傾向盡可能愈長久的維持其結構，直到緊張狀態變得不能再容忍，必須轉變為一個新結構。專案人員型組織比機器型組織更不傾向改組，因為它的結構中有太多部分是為專業人員的支配而建立的。一人作主型組織及專案型組織是傾向更迅速調適的組織類型，前者是建立在領導者的命令之下，後者是基於專案的來來去去。

設計實做

設計思考（design thinking）在近年來變成一個流行用語，著名的設計顧問公司IDEO在官網放了一個標題：「何謂設計思考？」該公司解釋，設計思考是一種「迭代過程」，歷經這些階段：對使用者運用同理心；定義使用者的需求、問題及自己的洞察；創意動腦，質疑假設，提出創新解方的點子；打造原型以開始創造解方；進行測試。[6]

為什麼稱其為「設計思考」？這個詞彙讀起來更像是基於設計觀看（design seeing）的設計實作（design doing），重視交談與演進性質多過公式化。誠如迦太基名將漢尼拔（Hannibal）騎著大象翻閱阿爾卑斯山脈時所言：「我不是找到一條路，就是開闢一條路。」

釋放嶄新的組織型態

在本書一開頭，有個七歲孩子對我們提出一個問題：「你一直在說的這些『組織』，到底指的是什麼啊？」[7] 最終，她用自己的方式提出一個有趣的解答。我的女兒蘇珊七歲時，想必是看到我為本書早期版本所繪製的那些示意圖，於是她畫出下頁的那幅畫。我把它收藏起來，完全沒想到有一天會在這裡派上用場。現在，我要用這幅畫，為我們的組織探索旅程畫下一個完美句點。

你在這幅畫中看到什麼？這是一個墨跡測驗，所以無論看到什麼都悉聽尊便。對我來說，我看到在部門中還有部門，每個部門的管理階層都被砍掉，就釋放出一隻如鳳凰般的鳥。從現有的組織型態中，孕育出嶄新的組織型態（unstitution）。[8]這會是未來組織的樣貌嗎？

我不知道我們會不會很快看到嶄新的組織型態，但我期盼本書能夠幫助你，把自己從陳舊的組織觀念中釋放出來，讓你在不遠的將來能夠設計出更好的組織。請牢記數學暨哲學家艾爾弗雷・懷海德（Alfred North Whitehead）的睿智之言：「追求簡單明晰，並對其永保懷疑。」

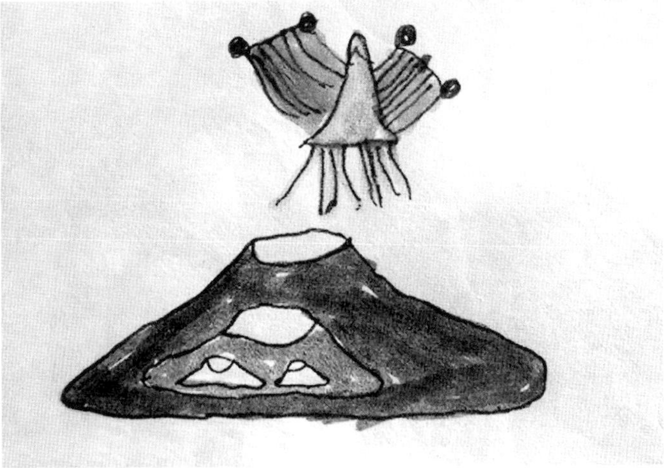

七歲畫家蘇珊・明茲伯格的作品

注釋

第一章

1. Henry Mintzberg, "Time for the Plural Sector," *Stanford Social Innovation Review* 13, no. 3 (2015): 28–33.
2. Frederick Taylor, *Principles of Scientific Management* (Harper & Bro., 1911). 該書第二十五頁寫道：「在各行各業所使用的各種方法與工具當中，總有一種相較之下更快且更好。唯有對所有方法與工具進行科學分析，佐以準確、精細的動作與時間研究（motion and time study），才能找出最有效率的方法與工具。」
3. 這個故事最初發表於一九五〇年代中期，刊登在一個美國教授的佈告欄、一份加拿大軍方期刊及《哈潑》（*Harper's*）雜誌上，最初可能是根據在倫敦所流傳、原本由英國財政部發布的一份匿名備忘錄而加以杜撰。
4. Regina E. Herzlingler, "Why Innovation in Health Care Is So Hard," *Harvard Business Review* 84, no. 5 (2006): 58–66.
5. 不是在美國，而是在北美，因為該運動是我的母校，同時是我現在任教的加拿大麥基爾大學所發明。參見：Marc Montgomery, "May 14, 1874. How Canada Created American Football," *Radio Canada International*, May 4, 2015。
6. "Flying Funeral Directors of America," in *The Encyclopaedia of Associations*, Gale Directory Library, 1979.
7. Henry Mintzberg, *Structure in Fives: Designing Effective Organizations* (Prentice-Hall, 1983); Henry Mintzberg, *The Structuring of Organizations: A Synthesis of the Research* (Prentice Hall, 1979).
8. Jean Chevalier and Alain Gheenbrant, *Dictionnaire des Symboles* (Éditions Robert Laffont/JUPITER, 1982).
9. George A. Miller, "The Magic Number Seven, Plus or Minus Two: Some Limits on Our Capacity for Processing Information," *Psychological Review* 63 (1956): 81–97.

10. Mintzberg, *Structuring of Organizations*; Henry Mintzberg, Bruce Ahlstrand, and Joe Lampel, *Strategy Safari: A Guided Tour through the Wilds of Strategic Management* (Free Press and Prentice-Hall, 2009); Henry Mintzberg, *Simply Managing* (Berrett-Koehler, 2013); and Henry Mintzberg, *Rebalancing Society: Radical Renewal beyond Left, Right, and Center* (Berrett-Koehler, 2015).

第二章

1. 該軟體公司要求姑隱其名，因為它們已經改變行銷方式。這則廣告是由紐約安德倫廣告公司（Anderson & Lembke）製作。
2. Peter Schein and Edgar H. Schein, *Organizational Culture and Leadership: A Dynamic View* (Wiley & Sons, 1991; first edition by Edgar Schein, 1985).
3. 試圖對執行長進行直接控管的董事會成員可被視為「局內人」，而那些與執行長保持距離的行動者則被稱為「外部利害關係人」。不過，若董事會向管理階層提出建議，或是為組織募集資金，那麼他們也扮演像是支援幕僚的角色。關於利害關係人，參見：R. Edward Freeman et al., *Stakeholder Theory: The State of the Art* (Cambridge University Press, 2010)。
4. Henry Mintzberg, *Power In and Around Organizations* (Prentice Hall, 1983).
5. Michael E. Porter, *Competitive Advantage: Creating and Sustaining Superior Performance* (Free Press, 1985).
6. 在二〇一七年六月八日的通信中，馬克・漢默（Mark Hammer）認為向心型（centripetal）組織和離心型（centrifugal）組織的區別在於，前者傾向把收集到的資訊留在組織內，例如：警察隊；後者傾向把收集到的資訊向外廣為散播，例如：大學。
7. Lise Lamothe, "Le reconfiguration des hôpitaux: Un défi d'ordre professionnel," *Ruptures: Revue transdisciplinaire en santé* 6, no. 2 (1999): 132–148.
8. 在下列文獻中可以找到各種例子：Henry Mintzberg and Ludo Van der Heyden, "Organigraphs: Drawing How

Companies Really Work," *Harvard Business Review* (September–October 1999): 87–94; Henry Mintzberg and Ludo Van der Heyden, "Taking a Closer Look. Reviewing the Organization. Is It a Chain, a Hub or a Web?" *Ivey Business Journal* (2000)。
9. Sally Helgesen, *The Female Advantage: Women's Ways of Leadership* (Doubleday, 1990), 45–46.
10. Walter Isaacson, *Steve Jobs: The Exclusive Biography* (Little, Brown, 2011).

第三章

1. Terry Connolly "On Taking Action Seriously," in G. N. Undon and D. N. Brunstein eds., *Decision-Making: An Interdisciplinary Inquiry* (Kent, 1982): 45
2. 本章提到的許多內容及例子出自：Henry Mintzberg, *Tracking Strategies: Toward a General Theory* (Oxford University Press, 2007)。
3. Michael Porter, *Competitive Strategy: Techniques for Analyzing Industries and Competitors* (Free Press, 1980); and Peter F. Drucker, *The Practice of Management* (Harper & Row, 1954).
4. Henri Fayol, *General and Industrial Management* (Paris Institute of Electrical and Electronics Engineering, 1916).
5. 下文內容及詳細例子來自觀察不同管理者的二十九天生活，參見：《經理人的一天》（*Managing*, Berrett-Koehler and Pearson, 2009），以及較精簡版的：《簡單，但不容易》（*Simply Managing*, Berrett-Koehler, 2013）。
6. Michael Porter, "The State of Strategic Thinking," *The Economist*, May 23, 1987, 2.
7. Warren G. Bennis, *On Becoming a Leader* (Basic Books, 2009); and Abraham Zaleznik, "Managers and Leaders: Are They Different?" *Harvard Business Review* (January 2004): 74–81.
8. Herbert Simon, *The Sciences of the Artificial* (MIT Press, 1969).
9. 例如：Henry Mintzberg, *The Nature of Managerial Work* (HarperCollins, 1973).
10. 參見《簡單，但不容易》（*Simply Managing*）第五章，對其他難題有詳盡的探討。

11. Ann Langley, "Between 'Paralysis by Analysis' and 'Extention by Instinct'" *Sloan Management Review* (Spring 1995).

第四章

1. Edward O. Wilson, *Sociobiology: The New Synthesis* (Harvard Belknap Press, 1975), 141.
2. Lars Groth, *Future Organizational Design: The Scope for the IT-based Enterprise* (John Wiley & Sons, 1999), 30.
3. 引自Anthony Jay, *Management and Machiavelli* (Bantam Books, 1967), 70.
4. 比利時社會學家尚・尼捷（Jean Nizet）及法蘭克斯・皮喬爾（Francois Pichault）和我通信時，建議我採用「價值觀」一詞，理由是「可以使技術導向的人更能理解」。參見：Jean Nizet and Francois Pichault, *Introduction à la théorie des configuations : Du « one best way » à la diversité organisationnelle* (De Boeck Supérieur, 2001)。
5. 這段內容改寫自：Joseph Lampel and Henry Mintzberg, "Customizing Customization," *Sloan Management Review* (1996): 21–30。
6. Henri Fayol, "Administration industrielle et générale," *Bulletin de la Société de l'Industrie Minérale* 10 (1916); then Luther Gulick and L. Urwick, eds., *Papers on the Science of Administration* (Institute of Public Administration, 1937).
7. Richard Pascale and Anthony Athos, *The Art of Japanese Management* (Viking, 1982).

第五章

1. Adam Smith, *The Wealth of Nations* (1776; J.M. Dent & E.P. Dutton, 1910), 5.
2. Lyndall Urwick, "Public Administration and Scientific Management," *Indian Journal of Public Administration* 2,

no. 1 (1956): 41. See also Lyndall Urwick and Luther Gulick, "Notes on the Theory of Organization," in Gulick and Urwick, *Papers on the Science of Administration*.

3. Alfred Sloan, *My Years with General Motors* (Doubleday & Co., 1963).
4. 關於這些橫向連結以及這個光譜圖示，參見這個文獻中傑出的討論：Jay Galbraith, *Designing Complex Organizations* (Addison Wesley, 1973)。

第六章

1. Mintzberg, *Structuring of Organizations*, 215–297.
2. Harry Braverman, *Labor and Monopoly Capital: The Degradation of Labor* (Monthly Review Press, 1974), 87.
3. 一九八九年一篇《財星》（*Fortune*）雜誌文章寫道：「寶僑公司（P&G）的歷史性改組真正令人感到吃驚的是，這是為了因應消費者市場而進行改組，不是為了因應股市而改組。」這段評論真正令人感到吃驚的是，《財星》竟然用「真正令人感到吃驚」這幾個字。

第七章

1. Isaacson, *Steve Jobs*, 408.
2. Isaacson, *Steve Jobs*, 565. 想像一下蘋果公司的創辦執行長賈伯斯，他每天早上幾乎都待在一個蘋果的實驗室裡設計產品，艾薩克森寫道：「他喜歡來這裡，因為這裡安靜平和，如果你是視覺型的人，你會覺得這裡就像天堂。蘋果公司沒有制式的設計審查，因此也沒有重大的決策點，我們可以讓決策彈性流暢。由於我們每天都會討論，也絕對不會開那些愚蠢無聊的簡報會議，所以，我們不會陷入重大分歧。」參見 Isaacson, *Steve Jobs*, 346。
3. Isaacson, *Steve Jobs*, 454.

4. Orvis Collins and David Moore, *The Enterprising Man* (Bureau of Business and Economic Research, Michigan State University, 1964).

第八章

1. 引言出自湯瑪斯・墨菲接受《主管》（*Executive*）雜誌採訪的內容：*Executive magazine*, Cornell Graduate School of Business and Public Administration, Summer 1980.
2. Yuval Noah Hariri, *Sapiens: A Brief History of Humankind* (Random House, 2015), 45.
3. Richard L. A. Sterba, "The Organization and Management of the Temple Corporations in Ancient Mesopotamia," *Academy of Management Review* 1 no. 3 (July 1976): 25.
4. Studs Terkel, *Working: People Talk About What They Do All Day and How They Feel about What They Do* (Pantheon, 1974).
5. Porter, *Competitive Strategy*.
6. "What is the dog there for," *Future Airline Pilot*, January 3, 2013, http://futureairlinepilot.blogspot.com /2013/01/what-is-dog-there-for.html.
7. James C. Worthy, *Big Business and Free Men* (Harper & Bros., 1959).
8. Max Weber, *From Max Weber: Essays in Sociology*, edited by Hans Gerth and C. Wright Mills (Oxford University Press, 1958), 214.
9. Pedro Monteiro and Paul S. Adler, "Bureaucracy for the Twenty-First Century: Clarifying and Expanding Our View of Bureaucratic Organization," *Academy of Management Annals*, 2022, vol. 16, no. 2, 11–12, 16.
10. Michel Crozier, *The Bureaucratic Phenomenon: An Examination of Bureaucracy in Modern Organizations and Its Cultural Setting in France* (University of Chicago Press, 1964).
11. Worthy, *Big Business and Free Men*, 79, 70.

12. Terkel, *Working*, 282.
13. Crozier, *Bureaucratic Phenomenon*, 51.
14. J. C. Spender, *Industry Recipes* (Basil Blackwell, 1989).
15. 專欄文字取自我的著作《策略規畫的興衰》（*The Rise and Fall of Strategic Planning*）。
16. Simon Johnson, "Flat-pack Pioneer Kamprad Built Sweden's IKEA into Global Brand," *Reuters*, January 28, 2018.

第九章

1. F. C. Spencer, "Deductive Reasoning in the Lifelong Continuing Education of a Cardiovascular Surgeon," *Archives of Surgery* 111, no. 11 (November 1976): 1182.
2. Henry Mintzberg, Bruce Ahlstrand, and Joseph Lampel, *Strategy Safari: A Guided Tour through the Wilds of Strategic Management* (Prentice Hall, 1998).
3. 引自：Norman Lebrecht, *The Maestro Myth: Great Conductors in Pursuit of Power* (Simon & Schuster, 1991), chapter 4。奧菲斯室內樂團（The Orpheus Chamber Orchestra）這麼描述自己：「奧菲斯室內樂團以協作的音樂風格而聞名於世，是由演奏家演奏樂譜，而不是由指揮家演奏樂譜。」Orpheus Chamber Orchestra, https://orpheusnyc.org
4. Henry Mintzberg, *Managing the Myths of Health Care: The Separations between Care, Cure, Control, and Community* (Berrett-Kohler, 2017), 52–60 and 157–162.
5. 關於第三個問題的說明，參見：Atul Gawande, "The Health Care Bell Curve," *The New Yorker*, December 6, 2004。
6. Henry Mintzberg and Susan Mintzberg, "Looking Down versus Reaching Out: The University in the 21st Century," in progress, 2022.
7. Sholom Glouberman and Henry Mintzberg, "Managing the Care of Health and the Cure of Disease—Part I:

Differentiation," *Health Care Management Review* 26, no. 1 (Winter 2001): 56–69.

8. Mintzberg, *Managing the Myths of Health Care*, Part I.

9. 更多細節請參見："A Note on the Unionization of Professionals from the Perspective of Organization Theory," *Industrial Relations Law Journal* (now known as *Berkeley Journal of Employment and Labor Law*) (1983).

第十章

1. A. A. Milne, *Winnie-the-Pooh* (Methuen, 1926). 順便一提的是，再仔細看看米恩寫的這段話，他在裡面寫了一個聰明的小惡作劇，然而我認識的人當中，沒有一個注意到這點，而我是在嘗試回憶起這段話時，無意中發現的。還是沒發現嗎？看看這段話中的「那個」。

2. 對於這個組織類型名稱的第二個字，我思考良久，我曾考慮過「拓荒者與探勘者」（pioneer and prospector）（參見：Raymond E. Miles and Charles C. Snow, *Organizational Strategy, Structure, and Process* [McGraw-Hill, 1978]）」，以及「客製化者與創新者」（customizer and innovator）（參見：Clay Christensen, *The Innovator's Dilemma: When New Technologies Cause Great Firms to Fail* [Harvard Business Review Press, 1997]），最終決定還是使用「拓荒者」（pioneer）。不過，上述任何一個名稱皆可使用。

3. 凱德爾寫了很多以運動來比擬組織模式的文章，結論與本書對棒球、美式足球及籃球的結論相似，參見：*Game Plans: Sports Strategies for Business* (Beard Books, 1985)，以及："Teamwork, PC Style," *PC/Computing* 2, no. 7 (July 1989): 126–131；"Team Sports Models As a Generic Organizational Framework," *Human Relations* 40, no. 9 (1987): 591–612。

4. 在我為澳洲政府行政管理人員舉行的一場研討會上，一位沮喪的公立公園主管受夠了來自政府技術官僚的壓力，他建議我在科層制（bureaucracy）和靈活編組制（adhocracy）這兩個字之外，再加上「to go」，他稱之為「虛偽」（hypocracy），意指嘴巴說一套，實際做另一套，例如：假分權化之名，行集權化之實。

5. Henry Mintzberg, "Organization Design: Fashion or Fit," *Harvard Business Review* (January–February 1981): 103–

116.
6. Frank Martela, "What Makes Self-Managing Organizations Novel? Comparing How Weberian Bureaucracy, Mintzberg's Adhocracy, and Self-Organizing Solve Six Fundamental Problems of Organizing," *Journal of Organizational Design* 8, no. 1 (December 2019): 1–23.
7. Mintzberg, *Tracking Strategies*, 82–83.
8. George Huber, "Organizational Information Systems: Determinants of Their Performance and Behavior," *Management Science* 28, no. 2 (February 1982) 138–155; Rolf A. Lundin and Anders Söderholm, "A Theory of the Temporary Organization," *Scandinavian Journal of Management* 11, no. 4 (1995): 437–455; Charles A. O'Reilly III and Michael L. Tushman, "The Ambidextrous Organization," *Harvard Business Review* (April 2004): 74–81; Terje Grønning, *Working without a Boss: Lattice Organization with Direct Person-to-Person Communication at WL Gore & Associates, Inc.* (SAGE Publications: SAGE Business Cases Originals, 2016); Raymond E. Miles and Charles C. Snow, "The New Network Firm: A Spherical Structure Built on a Human Investment Philosophy," *Organizational Dynamics* 23, no. 4 (1995): 5–20; and James B. Quinn and Penny C. Paquette, "Technology in Services: Creating Organizational Revolutions," *MIT Sloan Management Review* (Winter 1990): 67–77.

第十一章

1. Sterba, "Organization and Management of the Temple Corporation in Ancient Mesopotamia," 18.
2. 佩卓・蒙泰羅（Pedro Monteiro）和保羅・阿德勒（Paul S. Adler）最近發表一篇檢視科層制組織的文章，文中指出，這種類型的組織「一直都是主流的組織形式」。參見：Pedro Monteiro and Paul S. Adler, "Bureaucracy for the 21st Century: Clarifying and Expanding Our View of Bureaucratic Organization," *Academy of Management Annals*, 2022, vol. 16, no. 2, p. 427.
3. Henry Mintzberg, *The Rise and Fall of Strategic Planning* (Free Press, 2003).

4. Henry Mintzberg and Janet Rose, "Strategic Management Upside Down: A Study of McGill University from 1829 to 1980," *Canadian Journal of Administrative Sciences* (December 2003): 270–290.
5. Mintzberg and Rose, "Strategic Management Upside Down."
6. Henry Mintzberg and Alexandra McHugh, "Strategy Formation in an Adhocrac y," *Administrative Science Quarterly* (1985); also Mintzberg, *Tracking Strategies*, chapter 4.
7. Mintzberg, "Managing Exceptionally," *Organization Science* 12, no. 6 (December 2001): 759–771.亦可參見：Mintzberg, *Managing* and *Simply Managing*.
8. Mintzberg, *Managing the Myths of Health Care*, 196–197.
9. Andy Grove, *High Output Management* (Pan, 1985).

第十三章

1. 我初次使用「群體精神」這個字，是在刊登於《金融時報》（*Financial Times*）的文章中："Communityship Is the Answer," *Financial Times*, October 23, 2006, 8。關於「集體精神」（collective spirit），參見：Henry Mintzberg, "Rebuilding Companies as Communities," *Harvard Business Review* (July–August 2009)。
2. Robert R. Locke, *The Collapse of the American Management Mystique* (Oxford University Press, 1987), 179.
3. Philip Selznick, *Leadership in Administration: A Sociological Interpretation* (Harper & Row, 1957).
4. Colin Hales, "'Bureaucracy-lite' and Continuities in Managerial Work," *British Journal of Management* 13, no. 1 (March 2002): 51.
5. Francis Macdonald Cornford, *Microcosmographia Academica: Being a Guide for the Young Academic Politician* (Bowes and Bowes, 1908), available online. https://www.cs.kent.ac.uk/ people/staff/iau/cornford/cornford.html.
6. Martin Lindauer, *Communication among Social Bees* (Harvard University Press, 1961), 43.
7. 參見：Mintzberg, *Power In and Around Organizations*, 187–217.

第十四章

1. James O'Toole and Warren Bennis, "Our Federalist Future: The Leadership Imperative," *Center for Effective Organizations Publications* 92, no. 9 (1992). Available online.
2. R. P. Rumelt, *Strategy, Structure, and Economic Performance* (Harvard University Press, 1974), 21.
3. O'Toole and Bennis, "Our Federalist Future," 79.
4. 參見此文：Tarun Khanna and Krishna Palepu, "Why Focused Strategies May Be Wrong for Emerging Markets," *Harvard Business Review* (July–August 1997)，該文把企業集團在新興市場上的成功，歸因於控股公司對那些國家提供匱乏的制度性支援。另可參見：J. Ramachandran, K. S. Manikandan, and Anirvan Pant, "Why Conglomerates Thrive [Outside the U.S.]," *Harvard Business Review* (December 2013)，該文把企業集團在美國以外地區的成功，歸因於事業部門在海外地區擁有法律上的獨立地位，每個事業有自己的董事會，但所有權與管理層高度牽連。有時候，中央公司握有高比例的所有權，中央公司的高階主管可能是那些事業的董事會成員。
5. Alfred D. Chandler, *The Visible Hand: The Managerial Revolution in American Business* (Harvard University Press, 1977), 82.
6. Joseph L. Bower, "Planning within the Firm," *The American Economic Review, Papers and Proceedings of the 82nd Annual Conference* (May 1970): 186–194.
7. Sumantra Ghoshal and Henry Mintzberg, "'Diversifiction and Diversifact': What a Difference an 'a' Can Make," *California Management Review* 3 (Fall 1994).
8. 騎自行車上山，再原路騎下山，上山與下山花的工夫相同，這個說法對嗎？不盡然。距離當然是相同，但上山花費的時間比下山還多。想一想，騎自行車上山對你而言，是距離重要抑或時間重要？
9. 經濟學家暨統計學家伊利・迪馮斯（Ely Devons）寫過一本書，記錄二戰時期英國政府空軍部的統計與規畫工作，這本書精采的陳述粗略計算可能導致的種種可怕後果。參見：Ely Devons, *Planning in Practice:*

Essays in Aircraft Planning in War-Time (Cambridge University Press, 1950), chapter 7。

10. Henry Mintzberg, “A Note on That Dirty Word Efficiency,” *Interfaces* 12, no. 5 (October 1982): 101–105, https://www.jstor.org/stable/25060327.
11. Robert S. Kaplan and David P. Norton, “The Balanced Scorecard—Measures That Drive Performance,” *Harvard Business Review* (January–February 1992): 71–79.

第十五章

1. D. L. Sills, *The Volunteers* (The Free Press, 1957).
2. Maurice Maeterlinck, *The Life of the Bee* (Cornell University Press, 1901), 32.
3. Myrada, https://myrada.org, accessed May 16, 2022.
4. Mitz Noda, “The Japanese Way,” *Executive* (Summer 1980).
5. James Surowiecki, *The Wisdom of Crowds* (Anchor, 2005), xii.
6. Irving L. Janis, *Groupthink: Psychological Studies of Policy Decisions and Fiascoes* (Houghton Mifflin, 1982).
7. 引自：Robert M. Randall, “Sniping at Strategic Planning,” *Planning Review* 12, no. 3 (May 1984): 11。

第六部

1. 出自達爾文於一八五七年八月一日寫給胡克（J. D. Hooker）的信函。
2. 「麥基爾狂」（McGillomania）一詞是組織社會學家雷克斯．唐納森（Lex Donaldson）所創造，他撰寫長篇大論批評「組織構型理論」（configuration theory）：Lex Donaldson , “For Cartesianism: Against Organizational Types and Quantum Jumps,” in *For Positivist Organisation Theory: Proving the Hard Core* (Sage, 1996)。另可參見：Harold D. Doty, William H. Glick, and George P. Huber, “Fit, Equifinality, and Organizational Effectiveness:

A Test of Two Configurational Theories," in the *Academy of Management Journal* 36, no. 6 (1993)，以及湯米・克拉柏羅德（Tommy Krabberød）對這篇文獻的評論：Tommy Krabberød, "Standing on the Shoulders of Giants? Exploring Consensus on the Validity Status of Mintzberg's Configuration Theory after a Negative Test," *SAGE Open* 5, no. 4 (October 2015)。

第十七章

1. Danny Miller, *The Icarus Paradox: How Exceptional Companies Bring about Their Own Downfall* (HarperCollins, 1992).
2. Miller, *Icarus Paradox*, 4.
3. Danny Miller and Manfred F. R. Kets de Vries, *The Neurotic Organization: Diagnosis and Revitalizing Unhealthy Companies* (HarperCollins, 1991).

第十八章

1. Ray Raphael, *Edges: Human Ecology of the Backcountry* (Alfred A. Knopf, 1976), 5–6.
2. 關於科層制靈活編組，參見：Arlyne Bailey and Eric H. Nielsen, "Creating a Bureau-Adhocracy: Integrating Standardized and Innovative Services in a Professional Work Group," *Human Relations* 45, no. 7 (1992): 687–710.

第十九章

1. Thomas Peters and Robert H. Waterman, *In Search of Excellence: Lessons from America's Best-Run Companies* (HarperCollins, 1982).

2. 湯姆・畢德士（Thomas Peters）和羅伯・華特曼（Robert H. Waterman）極其成功的著作《追求卓越》（*In Search of Excellence*）指出，一些優異的企業持久卓越，可能是因為他們維持動人的文化。但是，這本書可能也正是某些企業垮台的原因，因為這本書出版後不久，有些公司的命運急轉直下。一九八四年十一月五日出刊的《商業周刊》（*Business Week*）中有一篇標題為〈哎呀！〉（OPPS!）的文章有做討論。關於大學的結構有多麼穩定，可參見我們對麥基爾大學一百五十年歷史的研究："Strategic Management Upside Down"。

3. 轉變成事業部門制組織並不會使機器型組織結構有多大的改變，而是把這種組織結構外推。文化與衝突可被視為促進或激發這三種組織結構改變的力量。

4. 參見：Robert Burgelman, "A Process Model of Internal Corporate Venturing in the Diversified Major Firm," *Administrative Science Quarterly* 28, no. 2 (June 1983): 223–244; and Edward Zajac, Brian R. Golden, and Stephen M. Shortell, "New Organizational Forms for Enhancing Innovation: The Case of Internal Corporate Joint Ventures," *Management Science* 37, no. 2 (February 1991): 170–184.

5. 關於獨立單位和靈活編組團隊，請參見：Charles O'Reilly III and Michael Tushman, "The Ambidextrous Organization," *Harvard Business Review* 82, no. 4 (April 2004): 74–81.

6. Emi Osono, Norihiko Shimizu, and Hirotaka Takeuchi, *Extreme Toyota: Radical Contradictions That Drive Success at the World's Best Manufacturer* (John Wiley & Sons, Inc., 2008), 98.

7. 關於醫院的照護、治療、控管與社區之間的區分，參見：Glouberman and Mintzberg, "Managing the Care of Health and the Cure of Disease,"，尤其是第一部及第二部；另亦參見：Mintzberg, *Managing the Myths of Health Care*。

8. 我們研究福斯汽車公司（Volkswagenwerk）歷史的文獻中有此說明：Henry Mintzberg, "Patterns in Strategy Formation," *Management Science* 24, no. 9 (May 1978): 934–948。另可參見：Mintzberg, *Tracking Strategies*，尤其是第二章。

9. Joseph Schumpeter, *Capitalism, Socialism and Democracy* (Harper & Brothers, 1942).

第二十章

1. 本章內容參考自以下文獻包括：Groth, *Future Organizational Design*; Filipe M. Santos and Kathleen M. Eisenhardt, "Organizational Boundaries and Theories of Organization," *Organization Science* 16, no. 5 (September–October 2005): 491–508; Henry Chesbrough, "Business Model Innovation: It's Not Just About Technology Anymore," *Strategy & Leadership* 35, no. 6 (November 2007): 12–17; M.D.L. Seidel and K. J. Stewart, "An Initial Description of the C-form," *Research in the Sociology of Organizations* 33 (November 2011): 37–72; Phanish Puranam, Oliver Alexy, and Markus Reitzig, "What's 'New' about New Forms of Organizing?" *Academy of Management Review* 39, no. 2 (2014): 162–180; Annabelle Gawer and Michael Cusumano, "Business Platforms," in *International Encyclopedia of the Social & Behavioral Sciences*, 2nd ed. (Elsevier, 2015); Michael G. Jacobides, Carmelo Cennamo, and Annabelle Gawer, "Towards a Theory of Ecosystems," *Strategic Management Journal* 39, no. 8 (May 2018): 2255–2276; and Andrew Shipilov and Annabelle Gawer, "Integrating Research on Interorganizational Networks and Ecosystems," *Academy of Management Annals* 14 no. 1 (January 2020): 92–121。我把它們列於此處，是因為本章內容是綜合對以上文獻的思考，無法被明確的歸入某一項參考文獻。
2. Carol W. Gelderman et al., "Henry Ford," in *Encyclopaedia Britannica*, www.britannica.com/ biography/Henry-Ford, 2022.
3. Groth, *Future Organizational Design*, 166.
4. Victor-Adrian Troac and Dumitru-Alexandru Bodislav, "Outsourcing. The Concept," *Theoretical and Applied Economics* 19, no. 6 (2012): 51–58.
5. C. K. Prahalad and Gary Hamel, "The Core Competence of the Corporation," *Harvard Business Review* (May–June 1990): 79–91; also C. K. Prahalad and Gary Hamel, *Competing for the Future* (Harvard Business Review Press, 1996).
6. Henry W. Chesbrough and Melissa M. Appleyard, "Open Innovation and Strategy," *California Management Review*

50, no. 1 (Fall 2007): 22.

7. 拜恩泰科公司（BioNTech）執行長烏爾．薩欣（Ugur Sahin）及其太太，參見：Oezlem Tuereci. Ludwig Burger and Patricia Weiss, "Behind Pfizer's Vaccine, an Understated Husband-and-Wife: 'Dream Team,'" *Reuters*, November 9, 2020。

8. Seidel and Stewart, "Initial Description of the C-form."

9. 有人建議把這類使用者稱為「互補者」（complementors），而非供應商。參見：Shipilov and Gawer, "Integrating Research on Interorganizational Networks and Ecosystems."

10. 所以，班諾．迪米爾（Benoît Demil）和夏維爾．李柯克（Xavier Lecocq）在其研究中提到：「市集治理以一種特殊的法律契約——開放執照——為基礎」，參見：Benoît Demil and Xavier Lecocq, "Neither Market nor Hierarchy nor Network: The Emergence of Bazaar Governance," *Organization Studies* 27, no. 10 (October 2006): 1447。

11. Göran Ahrne and Nils Brunsson, "Organizations and Meta-organizations," *Scandinavian Journal of Management* 21, no. 4 (2005): 429–449.

12. CoachingOurselves.com 的組織發展研習營中，與本書有關的主題有「把我們的組織當成一個社群來發展」、「組織裡的穀倉與層板」、「虛擬團隊」、「組織裡的政治遊戲」、「管理風格：藝術、技藝、科學」。

第二十一章

1. Simon, *Sciences of the Artificial*, 55.

2. Jeanne Liedtka and Henry Mintzberg, "Time for Design," *Design Management Review* (Spring 2006).

3. Peters and Waterman, *In Search of Excellence*, 108, from Gordon Siu https://ejstrategy.wordpress.com/2011/04/19/sbb-bees-and-flies-making-strategy/.

4. Yoshinori Yokoyama, "An Architect Looks at Organization Design," *McKinsey Quarterly* no. 4 (Autumn 1992): 126.
5. Yokoyama, "Architect Looks at Organization Design," 122.
6. "How Do People Define Design Thinking," IDEO, https://designthinking.ideo.com/faq/how-do-people-define-design-thinking (accessed August 30, 2021).
7. 尤瓦爾・哈拉瑞（Yuval Harari）在其著作《21世紀的21堂課》（*21 Lessons for the 21st Century*）中寫道：「微軟公司不僅是它擁有的建築物，不是它雇用的員工，不是它服務的股東，它是一種由立法者及律師共同編織出來的複雜法律虛構概念。」參見：Yuval Noah Harari, *21 Lessons for the 21st Century* (Spiegel & Grau, 2018), 248。
8. 參見網頁：www.linkedin.com/company/unstitution.

國家圖書館出版品預行編目(CIP)資料

明茲伯格談高效團隊：7種發揮競爭力的組織設計/亨利.明茲伯格(Henry Mintzberg)作；李芳齡譯. -- 第一版. -- 臺北市：遠見天下文化出版股份有限公司, 2023.07
352面；14.8×21公分. -- (財經企管；BCB806)
譯自：Understanding organizations…finally!：structuring in sevens
ISBN 978-626-355-315-6（軟精裝）

1.CST: 組織行為 2.CST: 組織管理

494.2 112010125

財經企管 BCB806

明茲伯格談高效團隊

7 種發揮競爭力的組織設計

Understanding Organizations...Finally! : Structuring in Sevens

作者 — 亨利・明茲伯格 Henry Mintzberg
譯者 — 李芳齡

總編輯 — 吳佩穎
財經館副總監 — 蘇鵬元
責任編輯 — Jin Huang（特約）
封面設計 — Bianco Tsai

出版者 — 遠見天下文化出版股份有限公司
創辦人 — 高希均、王力行
遠見・天下文化 事業群榮譽董事長 — 高希均
遠見・天下文化 事業群董事長 — 王力行
天下文化社長 — 林天來
國際事務開發部兼版權中心總監 — 潘欣
法律顧問 — 理律法律事務所陳長文律師
著作權顧問 — 魏啟翔律師
社址 — 台北市 104 松江路 93 巷 1 號
讀者服務專線 — 02-2662-0012 ｜傳真 — 02-2662-0007；02-2662-0009
電子郵件信箱 — cwpc@cwgv.com.tw
直接郵撥帳號 — 1326703-6 號　遠見天下文化出版股份有限公司

電腦排版 — 立全電腦印前排版有限公司
製版廠 — 東豪印刷事業有限公司
印刷廠 — 祥峰造像股份有限公司
裝訂廠 — 台興造像股份有限公司
登記證 — 局版台業字第 2517 號
總經銷 — 大和書報圖書股份有限公司｜電話 — 02-8990-2588
出版日期 — 2023 年 7 月 31 日第一版第一次印行

定價 — 500 元
ISBN — 978-626-355-315-6 ｜ EISBN — 9786263553064（EPUB）；9786263553071（PDF）
書號 — BCB806
天下文化官網 — bookzone.cwgv.com.tw

天下文化
BELIEVE IN READING